Ulrich Völkel

HEIMISCHE PFLANZEN
GEHEIMNISVOLLE NAMEN, HEILWIRKUNG UND MYTHOS

Teil III: BÄUME UND STRÄUCHER

Bildnachweis

Die abgebildeten Pflanzen wurden dem Buch von Otto Wilhelm Thomé „Flora von Deutschland, Österreich und der Schweiz", Gera, 1885 entnommen und bearbeitet.
Alle anderen Abbildungen: wikipedia (gemeinfrei).

Impressum

Dr. Lutz Gebhardt e. K.
98684 Ilmenau, PF 100 564
Tel.: (03677) 46628-0
Fax: (03677) 46628-80
www.rhinoverlag.de

Layout/Satz: Katja Völkel, Dresden
Titelgestaltung: Atelier für Grafik-Design Katharina Kerntopf, Ilmenau
Druck: DZA Druckerei zu Altenburg GmbH, Altenburg
1. Auflage 2011

ISBN: 978-3-939399-42-1

Ulrich Völkel

HEIMISCHE PFLANZEN

GEHEIMNISVOLLE NAMEN, HEILWIRKUNG UND MYTHOS

Teil III: BÄUME UND STRÄUCHER

RHINOVERLAG

Über Bäume

Bäume haben mich schon immer fasziniert. Ich erinnere mich an meine Kindheit. Das Zimmer, in dem ich mit meinen Brüdern schlief, hatte ein Fenster zu Nachbars Garten. Die etwas entfernte Landstraße lag höher. Wenn die Autos vorbeifuhren, hörten wir sie zwar nicht, aber das Licht ihrer Scheinwerfer erhellte den Raum. Auf der dem Fenster gegenüberliegenden Wand huschten dann die Schatten der Bäume wie ein Film vorüber. Das gab besonders schöne Bilder, wenn sie noch kein Laub trugen. Dann waren es die Arme und Gewänder freundlicher Gespenster. Das war unser Fernsehen; denn die Apparate gab es damals noch nicht.

Aus den huschenden Figuren, die manchmal durch Windstöße noch eine besondere Beweglichkeit gewannen, habe ich mir manche Geschichte zurechtgesponnen, wie aus den Wolken am Himmel auch, wenn ich am Tage irgendwo träumend auf einer Wiese lag.

Bäume sind mir seit der Kindheit sehr nahe. Ich hätte es nie vermocht, die Initialen eines Mädchens in die Rinde zu schneiden. Sollte ich sie um eines Mädchens willen verletzen? Oft bin ich allein in den Wald gegangen, um die Bäume flüstern zu hören und ihren Duft einzuatmen. Manchmal erinnere ich mich ganz plötzlich, wie ich am Ufer des kleinen Waldsees gesessen habe, die Füße im Wasser, die Molche und kleinen Fische beobachtend – und die Stille zu hören. Diese Stille! Zwar rauschten die Bäume, zwar riefen die Vögel, zwar raschelte es im Gras. Aber diese Stille! Und ich erinnere mich, dass dem Knaben die Tränen über die Wangen rollten, weil das so schön war.

Als ich später in Saßnitz lebte, war ich zwar gern am Strand zwischen den mächtigen Steinen, die aus dem Berg gebrochen waren, aber noch lieber ging ich durch die herrlichen Buchenwälder. Einmal pflückte ich einen Strauß Himmelschlüssel für die Frau meines väterlichen Freundes Egbert, die sie dankbar annahm und wozu Egbert ein freundliches „Die stehen unter Naturschutz!“ murmelte.

Einer, mit dem ich meine Liebe zu Bäumen teilen konnte, war der Maler und Grafiker Otto Paetz. Wir haben nie miteinander darüber gesprochen, jedenfalls nicht direkt. Aber wir wussten von unserer Neigung. Ich kenne eine Unzahl Radierungen und Zeichnungen von ihm, auf denen Bäume in immer neuer Gestalt mit immer neuen, ich sage das mal so: Gesichtern zu sehen sind. Weit ausladende, sich duckende, dem Wind widerstehende, traurige und heitere, starke und sich anlehnende Bäume, Bäume, Bäume… Übrigens sind auch seine Bäume wie meine guten Geister aus der Kinderwelt an der Wand meistens unbelaubt.

Während meiner Studienzeit in Leipzig kamen wir, einige Kommilitonen und unser Poetikprofessor, der Dichter Georg Maurer, spät abends ich weiß nicht woher. Da war ein Baum im kalten Winter, dicht und dick bevölkert von dunklen Vögeln. Als wir herankamen, flatterten sie auf und flogen davon. So entstand mein Gedicht „Die Bäume im Winter".

Im Winter
sind die Bäume am schönsten
eindeutig in ihrer Nacktheit
begreifen sie die frostklare Nacht.

Nur einer
dicht belaubt
schwarzkugelige Ausnahme.

Doch plötzlich
mit tollem Lärm
erhebt sich das Laub
die Vögel.

Und Blätter. Im Herbst habe ich sie gern gesammelt, mit nach Hause genommen, zwischen die Bücher gelegt, um sie schließlich auf weißen Bögen zu befestigen. Dann konnte ich mir im Sinne des Wortes mein Heft durchblättern. Noch immer und lange haftete ihnen der Geruch des Herbstes an, meiner Lieblingsjahreszeit.

Bin ich ein Romantiker, wenn ich mich wehre, wo immer Bäume in meiner Stadt zur Verbesserung des Verkehrsflusses abgeholzt werden? Es ist doch nur ein Baum, was regst du dich auf? Wenn ich das schon höre!

Ich stelle mir manchmal vor, dass die Bäume des Waldes mit ihren Wurzeln laufen könnten wie ein Tausendfüßler, und in die Stadt kämen. Das wäre schön.

Ulrich Völkel

Weimar, April 2011

Inhaltsverzeichnis

Ahorn

Die Pflanze:

Die sommergrünen Bäume oder Sträucher der Ahorne *(Acer)* gehören mit ihren bis zu 200 zwittrigen und getrenntgeschlechtlichen Arten nach neuesten Forschungsergebnissen in die Unterfamilie Rosskastaniengewächse *(Hippocastanoideae)* innerhalb der Familie der Seifenbaumgewächse *(Sapindaceae)*. Sie haben meist handförmig gelappte, gegenständige Laubblätter. Eschenahorn *(Acer negundo)* hat gefiederte Blätter. Die Flach- bis Herzwurzler sind empfindlich gegen Bodenverdichtung.

Seit den Eiszeiten sind in Europa nur noch wenige Arten beheimatet: Bergahorn *(Acer pseudoplatanus)*, Spitzahorn *(Acer platanoides)* und der kleinblättrige Feldahorn *(Acer campestre)*. Eine größere Verbreitung gibt es in Asien und Amerika.

Der Bergahorn ist in Europa stark vertreten und sowohl als Parkbaum wie auch forstwirtschaftlich ein wichtiger Vertreter seiner Gattung. Er kann eine Höhe von 30 Metern erreichen und bis zu 500 Jahre alt werden. Die ursprünglich hell-braun-graue und glatte Rinde wandelt sich mit dem Alter ins Dunkelgraue. Sie wird schwachborkig und blättert im fortgeschrittenen Alter plattig ab wie bei einer Platane. Bergahorn blüht im Mai mit dem Laubaustrieb oder unmittelbar danach. Er bildet Spaltfrüchte mit zwei im spitzen Winkel abstehenden Flügeln. Sie sind typische Schraubenflieger mit ca. 16 Umdrehungen pro Sekunde. Vom Wind werden sie oft mehr als 100 Meter weit getragen.

Der Name:

Der Ahorn verdankt seinen Namen den auffällig spitzen Blättern, denn die indogermanische Wurzel des Wortes *ak* bedeutet *spitz, scharf.* Im Grimmschen Wörterbuch findet sich folgende Erklärung: „AHORN, *m. platanus, ahd.* ahorn, ahurn …, *mhd.* ahorn …, *eins der wenigen wörter, die ihre alte, volle form stets unverdünnt erhielten … wegen seines breiten, vollen laubs reden die dichter oft von des ahorns dunkelm schatten.*

In Schlesien nennt man den Baum *Urle.* In Dänemark heißt der Bergahorn *Von Langens Fußstapfen,* benannt nach dem deutschen Forstmann Johann Georg von Langen, dem Begründer der planmäßigen Forstwirtschaft Dänemarks.

Feldahorn wird auch *Maßholder* genannt, weil seine jungen, frischen Blätter einst als Speise zubereitet wurden und sein zuckerhaltiger Saft getrunken wurde. Das ahd. Wort *mazzalta* bedeutet Speise.

Der lateinische Name *acer* bedeutet spitz, scharf, aber auch streng, hart oder heftig. Die Beifügung *pseudoplatanus* geht zurück auf die Ähnlichkeit der Blätter mit denen einer Platane, vor allem aber auf die Verwechselbarkeit des älteren Stammes mit dem einer Platane.

Die Nutzung:

Das mittelschwere, elastische, zähe, harte Holz des Bergahorns ist eines der wertvollsten Edellaubhölzer. Für eine dauerhafte Nutzung eignet es sich aber nur im Innenausbau, weil es relativ rasch vergilbt. Die Möbelindustrie nutzt Ahorn massiv oder als Furnier für Dekore. Ahornparkett gilt als besonders wertvoll. Es hat einen hohen Abnutzungswiderstand. Auch für den Treppenbau ist Ahorn gut geeignet. Eine spezielle Verwendung findet Ahorn beim Bau von Streich-, Zupf- und Blasinstrumenten. Hochwertige Schlagzeugkessel werden häufig aus Ahorn gefertigt. Drechsler, Schnitzer und Bildhauer verwenden bevorzugt Ahornholz. Auch für Haus- und Küchengeräte, für Sport-, Mess- und Zeichengeräte sowie in der Spielwarenindustrie wird das helle Holz gebraucht. Wucherungen als Folge einer Verletzung des Stammes wurden gern unter Ausnutzung der vorhandenen Rundung zu Gefäßen, insbesondere zu Schalen verarbeitet, zumal dieses Holz keine Jahresringe hat.

Aus dem in Nordamerika heimischen Zuckerahorn *(Acer saccharum)* wird durch Anzapfen der aus den Stämmen austretende Ahornsaft gewonnen und durch Einkochen zu Ahornsirup verarbeitet. Vor der Schneeschmelze Ende Februar bis April beginnen die Bäume in den Wurzeln gespeicherte Nährstoffe in die Knospen zu transportieren. Der Stamm wird angebohrt und ein Teil des Pflanzensaftes entnommen, ohne den Baum zu beschädigen.

Einem irokesischen Jäger soll bei seiner Heimkehr der aromatische Duft über der Kochstelle aufgefallen sein. Seine Frau hatte offenbar Regenwasser aus einem ausgehöhlten Stamm unterhalb eines Ahornbaumes verwendet. Weil die Speise süß schmeckte, erkannte man den Zusammenhang. *Fortan hackten die Indianer ihre Tomahawks in die Rinde der Ahornbäume und fingen den herausrinnenden Saft auf. Dank der Verwendung von so genannten Kochsteinen, erhitzten Natursteinen, die sie in den Saft legten, erzeugten sie daraufhin den dickflüssigen Sirup.* Der Saft wird über einem Holzfeuer eingedickt, ein kleiner Teil der Ernte zu Ahornzucker weiterverarbeitet.

In der Volksmedizin werden die am Johannistag (24. Juni) gepflückten Ahornblätter getrocknet und in kochendem Wasser erweicht. Sie gelten bei allen Wunden als heilkräftig.

Die Legende:

Ein Ahornblatt steht seit 1965 als Symbol für die ausgedehnten Wälder des Landes in der kanadischen Flagge. Die Vorlage dazu lieferte vermutlich der Zuckerahorn *(Acer saccharum)*. In China gilt der Ahorn als Symbol für Amtswürde.

Schon im alten Griechenland wurde Ahorn, vermutlich wegen der im Herbst mitunter blutrot gefärbten Blätter, mit Phobos, dem Dämon der Angst, in Verbindung gebracht. Er war ständiger Begleiter des Kriegsgottes Ares. Der im 4. Jahrhundert lebende spätrömische Grammatiker Servius Honoratius behauptet in seinem Kommentar zu Vergils „Aenaeis", das Trojanische Pferd sei aus dem „Unglücksholz" des Ahornbaumes geschnitzt worden.

Nach altem Glauben schützt der Ahorn gegen Hexen und böse Geister, weshalb man zum Beispiel in Hinterpommern die Türen und Stuben mit Ahorn schmückte oder in Mecklenburg das Vieh in den Ställen sicherte, indem Zapfen aus Ahornholz in die Türen und Schwellen eingeschlagen wurden. Ahorn sollte auch vor Blitzschlag bewahren.

Um Kartoffel- und Flachsfelder vor Maulwürfen zu sichern, wurden sie im Ravensburgischen mit Ahornzweigen umstellt. Aus dem Elsass ist bekannt, dass Ahornzweige an Türen die Fledermäuse vom Hause fernhalten sollten.

Fette Ahornblätter, glaubte man in Oberbayern, würden auf eine reiche Ernte hinweisen. Und wer die Wurzeln mit Wein übergoss, dem sollte ein Wunsch in Erfüllung gehen.

Besondere Verehrung erfuhr der Bergahorn, dem man sogar Bier opferte, in den Alpenländern. Am 16. März 1424 verschworen sich im graubündischen Dorf Trun im Schutz eines mächtigen Bergahorns von etwa sechs Meter Umfang Abgesandte des Landadels zu einem Trutzbund und legten den Grundstein für das Gemeinwesen Graubünden. Erst im Jahre 1870 fiel der riesige Baum einem Sturm zum Opfer. 1890 wurde der Wurzelstock feierlich in den Sitzungssaal des großen Bundes überführt. Heute befindet er sich im Museum Sursilvan in Trun.

Der kraftvoll wachsende Baum mit seiner weit ausladenden Krone weckte die Vorstellung von Kraft und Schönheit. Die abplatzende Rinde macht immer wieder Platz für neue Schichten. So entstanden die Sagen von Ahorn-Jungfrauen, die nur Auserwählten ihre Geheimnisse preisgeben.

Auch in Orts- und Flurnamen wird der Ahorn oft verwendet. Im Oberwallis entspricht *Agarn* und im französischen Gebiet *Ayer* dem Wort Ahorn.

Apfel

Die Pflanze:

Äpfel *(Malus)* sind eine Gattung der Kernobstgewächse *(Pyrinae)* aus der Familie der Rosengewächse *(Rosaceae)*. Die Gattung umfasst etwa 40 bis 55 Arten in den nördlichen gemäßigten Zonen Europas, Asiens und Nordamerikas. Die bekannteste und wirtschaftlich bedeutendste Art ist der Kulturapfel *(Malus × domestica)*. Die Laubblätter sind oval bis eiförmig oder elliptisch, meist gesägt, selten glatt, manchmal gelappt. Die Blüten haben einen Durchmesser von zwei bis fünf Zentimeter. Sie stehen einzeln oder in doldigen Schirmrispen. Der Apfel selbst ist eine Scheinfrucht. Er entsteht nicht aus dem Fruchtknoten, sondern aus der Blütenachse.

Der Name:

Das mhd. Wort *apfel*, ahd. *apful* erklärt das Duden-Herkunftswörterbuch als ursprünglich für den Holzapfel gebraucht. Als die Germanen den Obstbau durch die Römer kennenlernten, übertrugen sie den Namen auf die veredelten Apfelsorten. Der Wortstamm ist in vielen indogermanischen Sprachen zu finden.

Andere landschaftlich gebräuchliche Namen sind Affalter, Affolter (Oberösterreich), Apfalter (Kärnten), Appel, Eppel, Höltje (plattdt.), Plunke (Schönwald bei Gleiwitz; aus dem poln. *plonka* = Apfel), Sûrappel, Sürkel, oder Sürken (bergisch).

Oft wird das Wort auch im übertragenen Sinne gebraucht und bezeichnet runde Körper wie Augapfel, Reichsapfel oder Granatapfel. Tabernaemontanus weiß, *in sprache und poesie heiszen äpfel die weiblichen brüste.*

Goethe dichtete: *Warum auch schlich er diese Wege / nach einem solchen Äpfelpaar, / das freilich schon im Mühlgehege, / wie im Paradiese war.*

Das lateinische Wort *malus* (ursprünglich *melus;* griech. *melon* für *Apfel, apfelartig)* bedeutet Apfelbaum, hat aber auch die Bedeutung *schlecht, übel.* Von dieser Wortgleichheit leitete um 400 n. Chr. der Abt Isidor vom ägyptischen Kloster Pelusium die Bedeutung des Apfels als Frucht der Sünde ab, wie Clemens Zerling schreibt. Eva verführte Adam mit einem Apfel.

Die Nutzung:

Äpfel sind in Mitteleuropa das am meisten verzehrte Obst. Inhaltsstoffe sind u.a. die Vitamine A, B, C, Fruchtsäuren, Lävulose, Dextrose, Apfelsäure, Milchsäure, Oxalsäure, Gerbsäure, Salicylsäure, Pektin, Phosphor und Wachs. Die meisten Inhaltsstoffe befinden sich unmittelbar hinter der Schale, deshalb sollten Äpfel – immer gut gewaschen wegen eventuell anhaftender Pestizide! – mit der Schale gegessen werden.

Weil sich Äpfel gut lagern lassen, ist es möglich, Vitamine mit in die kalte Jahreszeit zu nehmen. Manche Sorten kann man bis in das nächste Jahr hinein lagern. Allerdings kann man Äpfel inzwischen das ganze Jahr frisch kaufen.

Die Wirkstoffe des Apfels regen den Stoffwechsel an und reinigen das Blut. Regelmäßiger Apfelgenuss hilft bei Rheuma, Gicht, Arteriosklerose und anderen Stoffwechselerkrankungen.

Ein roher Apfel gründlich gekaut und gegessen hilft sehr gut gegen Stuhlträgheit. Im geriebenen Zustand bewirkt er das genaue Gegenteil und stoppt Durchfall selbst bei ernsthafter Erkrankung. Gegen Heiserkeit kann man gebratene Äpfel mit Honig essen. Apfelschalentee hilft gegen Nervosität und geistige Erschöpfung.

Eine Apfelkur (drei Tage lang nur Äpfel essen) soll helfen, sich das Rauchen abzugewöhnen, weil man durch die vielen Äpfel eine Abneigung gegen den Tabakgenuss bekommt.

Das feinporige, harte Holz des Wildapfels ist oft drehwüchsig und schwer spaltbar. Es schwindet stark und ist wenig dauerhaft, lässt sich aber gut bearbeiten, drehen, schnitzen, messern, beizen und polieren. Das Holz des Apfelbaumes ist nicht witterungsfest, deshalb anfällig für Pilzbefall. Es findet vor allem als Furnier im Möbelbau, in der Spielzeugindustrie, bei der Werkzeugfabrikation, für Drechslerarbeiten und Schnitzereien Anwendung.

Die Legende:

Der Apfel spielt in der Kulturgeschichte vieler Völker eine wichtige Rolle. Er gilt als Symbol lebensspendender weiblicher Kraft und wird häufig mit dem weiblichen Busen verglichen. Liebes- und Muttergöttinnen tragen oft Äpfel in ihren Körben oder Füllhörnern. Jedoch meinten die Griechen in der Antike wahrscheinlich mit der als *melon* (bei den Römern *pomum)* bezeichneten Frucht die Quitte oder den Granatapfel. Melon war der Sohn des die Fruchtbarkeit symbolisierenden Priapos und der Diener der Göttin Aphrodite. Aus Kummer über den Tod von Adonis hat er sich an einem Baum erhängt, der ihm zu Ehren nun den Namen Melos trug. Aphrodite erkor sich deswegen den Apfel als Zeichen der Liebe und Treue.

Nemesis, die antike Schicksalsgöttin, hält auf einigen Darstellungen einen Apfelzweig in der Hand.

In den keltischen Mythen gibt es eine Apfelfrau, die die finsteren Seiten unkontrollierter Triebe, die rohen Kräfte der Unterwelt, ungebändigte Sinnlichkeit und Gewalt symbolisch vertritt. Die Kelten kannten die Äpfel der Unsterblichkeit, die auf der Seeleninsel Avalon (auch Ynis Avalach, die Apfelinsel) wuchsen, dem mystischen Aufenthaltsort des Königs Artus nach seiner Verwundung.

Der Apfel als „Zankapfel“ spielt bereits in der „Edda“ eine Rolle, als die Göttin des Streites unter den Gästen eines Göttermahles einen wilden Streit auslöste. Dieses Motiv kennt man auch aus der griechischen Mythologie. Der Trojanische Krieg wurde begonnen, weil Prinz Paris den von Eris ausgelobten goldenen Apfel mit der Inschrift *Kallisti* (für die Schönste) Aphrodite schenkte, die ihm Helena, Tochter des Menelaos, als Preis versprochen hatte. Die unterlegenen Göttinnen Hera und Athene mussten in den „sauren Apfel“ beißen und schworen bittere Rache, was sich bei Heinrich Heine so liest: *Alles Unheil brachten Äpfel / Eva bracht damit den Tod / Eris brachte Trojas Flammen.*

Im Alten Testament warnt Gott Adam und Eva vor der Frucht des Baumes der Erkenntnis. Ob es sich bei der von Eva gepflückten und mit Schlangenlist an Adam gereichten Frucht tatsächlich um einen Apfel gehandelt hat, darf bezweifelt werden; wahrscheinlich war doch eher eine Quitte oder ein Granatapfel gemeint. Jedenfalls wurde der Apfel von frühen christlichen Predigern „verteufelt“. Mittelalterliche Darstellungen zeigen im Baum des Sündenfalls neben Äpfeln auch Todesschädel. Das Hohelied des Salomon war allerdings einigen Kirchenvätern Grund genug, Äpfel als Erlösungsmotiv zu interpretieren, indem sie zitierten: *Wie ein Apfelbaum unter den Bäumen des Waldes, so ist mein Geliebter unter den Söhnen…* Und Ambrosius von Mailand schrieb: *An das Kreuz geheftet hing Christus einem Apfel gleich und strömte den Duft der Welterlösung aus.*

Laut einer Matthiaslegende führte der Diebstahl eines Apfels dazu, dass Judas zum Vatermörder und aus Reue darüber zum Jünger Jesu wurde.

Auf die gesundheits- und lebensspendende Wirkung des Apfels spielt der Brauch an, dem gebratenen Schwein (Julschwein) einen Apfel ins Maul zu legen, der im nächsten Leben als Herz dienen sollte. Er transportierte die Seele von einem Körper in den nächsten.

Eine der berühmtesten Sagen ist die vom kühnen Bogenschuss auf einen Apfel, der auf dem Kopf des Kindes des Schützen gelegt war. Bereits der germanische Eigil oder der antike Sarpedon wurden dazu gezwungen. Am bekanntesten ist der Nationalheld der Schweiz, Wilhelm Tell, dem Schiller in seinem Drama ein Denkmal gesetzt hat.

Bärentraube

Die Pflanze:

Die Echte Bärentraube *(Arctostaphylos uva-ursi)* ist ein niedriges Heidekrautgewächs *(Ericaceae)* mit weißen bis rosa Blüten, aus denen sich erbsengroße rote Beeren, die Preiselbeeren ähneln, entwickeln. Die lederartigen, an der Oberseite glänzenden dunkelgrünen Blätter sind verkehrt eiförmig und ganzrandig. Die Äste des immergrünen Strauches haben rotbraune Zweige.

Die Bärentraube blüht in den Monaten März bis Juni. Sie bevorzugt trockene, sonnige Zwergstrauchheiden, Bergwälder und geschützte Felsnischen. Beheimatet ist sie im Westen Kanadas, in den Alpen, im Apennin und in den südlichen Mittelgebirgen sowie in Nordeuropa bis in eine Höhe von 2.800 Meter.

Die Blätter enthalten unter anderem Arbutin, Gerbstoffe, Flavone und Glykoside. Insbesondere das Arbutin, aber auch die Gerbstoffe, wirken antibakteriell.

Die in Deutschland geschützte Bärentraube kann bis zu 120 Jahre alt werden.

Das Zedlersche Universallexikon aus der Mitte des 18. Jahrhunderts liefert folgende Beschreibung: *Ist ein kleiner Strauch, dem Heidelbeerstrauche nicht unähnlich, doch sind seine Blätter länglicht und forne rund, fast wie am Buchsbaume, jedoch schmäler auf beyden Seiten gestreifet und voll Adern, von Geschmack etwas bitter und anziehend. … Die Blüthen wachsen Trauben-weise auf der Zweige ihre Spitzen, sehen als wie Schellen aus und roth. Wenn sie vergangen sind, so folgen ihnen fast gantz runde, weiche, rothe Beeren, deren jede fünf kleine Steinlein beschlüsset. … Die Beeren haben einen sehr anziehenden Geschmack.*

Der Name:

Die Herkunft des Namens Bärentraube wird damit erklärt, dass Bären die mehligen Früchte, die für den Menschen weniger geeignet sind, gern fressen. Darauf verweisen auch anderssprachige Namen wie französisch *raisin d'ours,* italienisch *uva d'orso, uva ursina,* dänisch *melbärrisblade,* norwegisch *melbaer.*

Andere gebräuchliche deutsche Namen sind: Chleckbeere (Wallis), Granten, Harnkraut, Mehlbeere (wegen der mehligen Konsistenz der Beeren; der Name gilt aber auch für andere Beerenfrüchte wie Echte Mehlbeere, Weißdorn, Preiselbeere, wilde Johannisbeere, Sandbeere oder Vogelbeere),

Moosbeere, Rausch, Rauschgranten (Tirol, Graubünden), Sandbeere, Stangranten (Steingranten), Steenbeere bzw. Steinbeere (z. B. Lüneburger Heide), Totenmyrte (Schlesien), Wilder Buchs(baum), Wolfsbeere oder Wolfstraube.

Der Gattungsname *Arctostaphylos* kommt vom griech. *árktos* (= Bär) und *staphyle* (= Traube). Die gleiche Bedeutung hat das lateinische Artepitheton *uva ursi* (Traube des Bären). Das deutsche Wort Bärentraube ist eine Übersetzung von *Arctostaphylos.* Der Name *Arctostaphylos* kommt vermutlich zuerst bei Galen(us) vor.

Die Nutzung:

Die Bärentraube ist traditionell eine typische Heilpflanze des Nordens. Seit dem 18. Jahrhundert zählen ihre Blätter zu den wichtigsten Heilpflanzen für Erkrankungen des Nieren-/Blasenbereiches. Sie enthalten im Spätherbst die meisten Wirkstoffe, können aber auch schon im Sommer gepflückt werden. Der November gilt als der bevorzugte Sammelmonat. Allerdings liegt dann in den Bergen schon Schnee. Man zupft die Blätter vorsichtig von den Zweigen, schneidet aber keine Zweige ab.

Bärentraubenblätter, die im frischen oder getrockneten Zustand verwendet werden, enthalten u.a. Arbutin bzw. das aus der Substanz freigesetzte Hydrochinon. Es wirkt desinfizierend und im Harn antibakteriell. Außerdem wird Bärentraubenblättern eine harntreibende Wirkung zugeschrieben, die aber nicht eindeutig nachgewiesen ist.

In der Volksheilkunde wurde die Bärentraube auch bei Durchfall, bei Gallengangsbeschwerden und als Wehenmittel eingesetzt. Allerdings ist bei der Einnahme Vorsicht geboten, da Hydrochinon potenziell krebserregend ist und auch eine Schädigung der Leber möglich ist. Die Gerbstoffe können den Magen reizen. Bei Überdosierung kommt es zu Verstopfung. Während der Schwangerschaft und der Stillzeit sowie bei Kindern unter zwölf Jahren ist die Einnahme nicht zu empfehlen.

Im Jahre 1758 beschrieb der Wiener Arzt de Haen in seiner „Ratio medendi" die steinbrechende Wirkung (daher wohl auch die mit Stein zusammenhängenden Namen) der Bärentraube. Erwiesen ist aufgrund zahlreicher Untersuchungen, dass die Bärentraube Steine nicht zerstört, aber Linderung verschafft.

Wegen des hohen Gerbstoffgehalts hat man früher die Blätter zum Gerben von Leder und zum Färben von Wolle genutzt. Aus der Pflanze wird außerdem ein Wachs gewonnen, das als Holzschutzmittel verwendet wird.

Die Legende:

Erste Erwähnung, wenn die Nennung durch Galen außer Acht gelassen werden kann, fand die Bärentraube im 13. Jahrhundert in dem aus Wales stammenden Arzneibuch „Meddyggon Myddfai“. Da die Pflanze eher in nördlichen Breiten anzutreffen ist, war sie den Griechen und wohl auch den Römern unbekannt. Die erste deutsche Beschreibung stammt von Hieronymus Bock.

Im 17. Jahrhundert wurde die Bärentraube in einem isländischen Zauberbuch als Pflanze gegen Gespenster vorgestellt. Zudem trug man sie dort als Mittel gegen böse Geister direkt auf der Haut.

In skandinavischen Ländern bäckt man die Früchte gerne in Brote ein oder stellt Sirup daraus her.

Als Moosbeere begegnen wir der Bärentraube zweimal bei Adalbert Stifter. Zum einen lesen wir in seiner „Mappe meines Urgroßvaters“: *Da hat er oberhalb des Eichenhages die Senkung gereutet, die er sich gekauft hatte, und in der nur saures Moos, geflecktes Gras und die einzelne herbe, rote Moosbeere zwischen den dünnen Föhrenstämmen wuchs, die auch in der Nässe nicht fortkommen wollten.* Und ein zweites Mal in „Der Waldsteig“: *Tiburius ging auf dem Pfade fort, der von allerlei Dingen eingefaßt war. Manchmal lag die Moosbeere wie eine rote Koralle neben ihm, manchmal streckten die Preiselbeeren ihr Kraut empor und hielten ähnliche Büschel von rotwangigen Kügelchen in den glänzenden Blättchen.*

In J. G. Grässes „Der Meermann und die Zwerge auf Sylt“ wird ein opulentes Mahl beschrieben: *Es wurde gewaltig aufgetischt vor den Gästen. Sie bekamen Häringsmilch und Rogen, geröstete Sandspierlinge, gesalzene Eier, Iltisbraten und Austern mit Heidelbeeren und Moosbeeren zu essen und Meth vollauf zu trinken.*

Bei Gustav Sack in „Das Bruch“ treffen wir auf die Bärentraube unter dem Namen Moosbeere: … *und allerorts schwellen die Sphagnummoose ihre grünen und bläulichen Polster, zarte Moosbeeren und gleißender Sonnentau haben sich auf ihnen angesiedelt.*

Fündig werden wir auch in Theodor Fontanes „Renate“, wo es heißt: …*erkannte ich das braune scharfe Gesicht der allbekannten „Mutter Pottsacksch“, welche je nach der Jahreszeit mit Maililien und Waldmeisterkränzen oder Nüssen und Moosbeeren in der Stadt hausieren ging.*

Und etwas später: … *auch sollten drüben nach dem Holze zu, wo die alten Weiber die Moosbeeren holen, in voriger Nacht die Irrwisch gar arg getanzet haben, dessen Anblick in alle Wege besser zu umgehen.*

Berberitze

Die Pflanze:

Die in Europa (nicht auf den Britischen Inseln und nicht in Skandinavien) und Asien verbreitete Berberitze *(Berberis vulgaris)* ist ein Strauch aus der Familie der Berberitzengewächse *(Berberidaceae)*. Der mit Blattdornen bewehrte Strauch kann eine Höhe von einem bis zu drei Meter erreichen. Die Blätter sind eiförmig und relativ klein. Am Rand sind sie leicht gezähnt. Die Dornen schützen gegen Tierverbiss. Das ist der Grund, weshalb sie früher häufig als lebende Hecke um Viehweiden angelegt wurde und gelegentlich noch wird.

Berberitze hat eine gelbbraune bis graue Rinde, die innerlich hellgelb ist. Die stark duftenden, gelben, halbkugelig-glockigen Blüten erscheinen bis zu dreißig Stück in einem traubigen Blütenstand. Die Berberitze blüht von Mai bis Juni, ab August bis Oktober trägt sie rote bis zu einem Zentimeter lange Beeren.

Die Staubfäden der Blüten reagieren im unteren Teil der Innenseite seismonastisch, d.h. ab einem bestimmten Druck erfolgt in 1/10 Sekunde eine schlagartige Bewegung der Staubblätter zum Griffel hin, um die klebrigen Pollen auf die bestäubenden Insekten zu drücken. Vor dem Abblühen erfolgt zudem eine spontane Selbstbestäubung. Die scharlachroten Früchte sind zwar genießbar, aber sehr sauer.

Sprossspitze der Berberitze mit Blattdornen, Laubblättern und Übergangsformen (aus: Meyers Konversationslexikon).

Berberitze bevorzugt kalkhaltige trockene bis mäßig feuchte Standorte im Licht und im Halbschatten. Sie gedeiht an Waldrändern, Gebüschen und in lichten Auen.

Der Strauch ist Zwischenwirt des Getreideschwarzrostpilzes *(Puccinia graminis)*, wie der Botaniker und Mykologe Heinrich Anton de Bary im Jahr 1866 nachwies. Deswegen wurde sie in Europa fast ausgerottet.

Der Name:

Der sich im deutschen Sprachraum eingebürgerte Pflanzenname Berberitze ist eine Ableitung des lat. *berberis*. Das Grimmsche Wörterbuch schreibt: *berberis, berbis, berberitze, f., der fremde name einer eszbare beeren tragenden staude, auch entstellt in breiselbeere, peiselbeere, preiselbeere, reiselbeere, fersich, fersichdorn, erbsichdorn, erbseldorn.* Der vermutlich aus Nordafrika stammende Strauch wurde von den Römern *berberis* nach dem Stamm der Berber, einem in Nordafrika beheimateten Volk, benannt.

Die Berberitze ist auch unter verschiedenen anderen Namen bekannt: Berbesbeere, Bubenlaub, Dreidorn, Erbsal, Essigdorn, Essigscharl, Geißenlaub, Hasenbrot, Kuckucksbrot, Reselbeere, Sauerach, Sauerdorn, Spießdorn, Spitzbeeri, Weinscharln, Weinzäpferln, Zizerlstrauch.

Bezeichnungen wie Erbsal, Saurach oder Essigdorn waren im 16. Jahrhundert bei Carolus Clusius und Hieronymus Bock gebräuchlich. Clusius erwähnt eine kernlose Sorte, die er in Aschaffenburg am Main gesehen hatte und die er folgendermaßen beschreibt: … *deren Beeren innen keine Kerne haben – sie sind zweifellos zum Würzen sehr geeignet (…) ich habe die große Frucht von ihm im gepflegten Garten des äußerst gewissenhaften Apothekers und Frankfurter Bürgers Johann Müller gesehen.*

In der „Oeconomischen Encyclopädie“ von Johann Georg Krünitz erscheint im 18. Jahrhundert der Name Sauerdorn. Sorten mit weißen Früchten, die man heute als die Sorte „Alba“ kennt, werden von ihm als *Berberis fructu albo* beschrieben.

Die Nutzung:

Während die meisten zur Heilung genutzten Pflanzen ganzheitlich, also Blüte, Frucht, Blätter, Wurzel, oder nur in einem Teil verwendet werden, unterscheidet man bei der Berberitze den Gebrauch der Wurzelrinde, die die Galle stärkt, und der vitaminreichen Beeren, aus denen zum Beispiel Marmelade oder Sirup gemacht werden. Das Zedlersche Universallexikon beschreibt die Herstellung von *Purgirküchlein aus Berberissafte* nach Hoffmann so: *Kochet es in genug Berberissaffte, und machet Küchlein daraus. Den Zucker, welcher recht schöne weiß seyn soll, muß man pülvern, und über gelindem Feuer ein wenig austrocknen, hernach etwas Berberissaffte darauf güssen, endlich soviel dazu thun, dass sich der Zucker gantz darinnen auflöse; hernach so gleich über gelindes Feuer setzen, mit einem Spatel beständig umrühren, alsdenn aber, wenn es heiß worden, allenthalben Blasen in die Höhe steigen, und der zerlassene Zucker an dem Spatel hängen bleibet, vom Feuer wegnehmen, und das Scammonium* [von der Skammoniumwinde] *nebst dem Weinsteine, welcher mit einer halben Untze zart gepülverten Zucker vorher vermischet seyn muß, dazu thun, endlich alles unter einander mengen, und auf einer breiten marmornen oder höltzernen Tafel zu Küchlein güssen.*

Die Früchte, die keine Alkaloide enthalten, aber reichlich Fruchtsäure und Vitamin C, wirken u.a. antibakteriell, schleimlösend, schweißtreibend und tonisierend. Sie regen die Atmung an und sind hilfreich bei entzündetem Zahnfleisch. Getrocknet sind sie ein guter Vitaminspender in der kalten Jahreszeit. Als Marmelade oder Mus bereichern sie vor allem den winterlichen Nahrungs- und Vitaminbedarf. Auch Sirup lässt sich aus den Früchten herstellen.

Der Signaturenlehre folgend wurde die Berberitze den leber- und gallewirksamen Pflanzen zugeordnet. Die Wurzelrinde, die man zu Tee oder Tinktur verarbeiten kann, enthält das die Gallentätigkeit anregende und die Verdauung fördernde Alkaloid Berberin. Außerdem erweitert sie die Blutgefäße, was eine Senkung des Blutdrucks zur Folge hat. Bei Nierenentzündungen sollte die Berberitze vermieden werden, weil sie die Niere zu stark reizen würde. Manche Autoren empfehlen Berberitze auch gegen Fieber und Hexenschuss.

Im alten Ägypten bekämpfte man Fieber mit aufgequollenen Sauerdornbeeren und Fenchelsamen. Plinius riet, bei Durchfall in Wein gekochte frische oder getrocknete Früchte einzunehmen.

In der heimischen Küche spielt Berberitze eine geringe Rolle, aber im Orient bereitet man auch Reis-, Fleisch- und Fischgerichte mit ihr zu.

Das gelbe und sehr harte Holz der Berberitze wird für Intarsienarbeiten verwendet. Die Wurzel wurde früher zum Gelbfärben von Wolle, Leinen und Leder genutzt.

Die Legende:

Bereits im 18. Jahrhundert wurde ein Zusammenhang zwischen Berberitze und Schwarzrost angenommen. Das führte in Frankreich zu einem heftigen Streit, in dem die Konfitürekocher – vermutlich aus existenziellen Gründen – die Bauern des Aberglaubens bezichtigten.

Aberglaube war bestimmt, dass am Johannistag gepflückte Beeren der Berberitze die Tollwut heilen würden. Sammelte man die Wurzeln und Zweige am Karfreitag, hätte man sicheren Schutz gegen alle Zauberei und Hexerei. Deshalb wurde Berberitze zur Räucherung mit Färberdistel, Huflattich, Königskerze, Besenginster, Vogelknöterich, Kreuzblume u.a. vermischt oder in Ställen und Stuben aufgehängt.

Ein milder Winter war zu erwarten, wenn die Früchte lang und schmal ausfielen, hingegen musste man mit einem harten, aber kurzen Winter rechnen, wenn sie kurz und dick waren.

Birke

Die Pflanze:

Die Birken *(Betula)* sind Laubbäume aus der Familie der Birkengewächse *(Betulaceae)*. In Europa, Nordamerika (besonders an der Ostküste), sowie in Asien bis nach Japan kennt man etwa 40 Birkenarten, die sich häufig als Pionierpflanzen auf freien Flächen ansiedeln und bis zu 160 Jahre alt und bis zu 30 Meter hoch werden können.

Die schnell wachsenden, sommergrünen Bäume oder Sträucher können bereits nach sechs Jahren eine Höhe von sieben Meter erreichen. Besonders auffällig ist bei vielen Arten die helle bis weiße Rinde. Die Blütenstände werden Kätzchen genannt, die männlichen hängen, die weiblichen stehen aufrecht.

Birken gedeihen sowohl auf trockenem wie auf nassem Boden, in der Heide, auf Dünen und im Moor, ohne besondere Ansprüche an Boden und Klima zu stellen. Die in Mitteleuropa verbreitetsten Arten sind Gemeine Birke *(Betula pendula)*, Moorbirke *(Betula pubescens)*, Zwergbirke *(Betula nana)* und Strauchbirke *(Betula humilis)*.

Der Name:

Der Name Birke hat seinen Ursprung in *bher(e)ğ* und das bedeutet *glänzen, leuchten*, bezieht sich also auf den hellen Stamm des Baumes, der vor allem in den langen nordischen Wintern Licht und Zukunft versprach. Der Wortstamm taucht in vielen indogermanischen Sprachen auf. Der russische Strom Beressina ist der Birkenfluss.

Die Gemeine Birke heißt auch Maien, Wunnebaum, Hänge-, Trauer-, Warzen- oder Weißbirke. Für die Zwergbirke kennt man die Bezeichnung Polarbirke, die Strauchbirke heißt in einigen Gegenden Niedrige Birke.

Die wissenschaftliche Bezeichnung *Betula* entspricht dem lateinischen Wort *betulla* (alternative Schreibweise) für Birke, das aus dem Keltischen entlehnt wurde. Das lat. *pendulus* bedeutet hängend, schwebend, *pubescens* kommt von *pubescere* (mannbar, erwachsen werden, heranwachsen), *nanus* ist der Zwerg, *humilis* bedeutet niedrig.

Die Nutzung:

Birkenpollen stellen ein hochpotentes Allergen dar. Die Zahl der Allergiker ist in den letzten beiden Jahrzehnten signifikant auf 50 % gestiegen. Die Blätter der meisten Birkenarten enthalten reichlich Flavonoide, Saponine, auch

Gerbstoffe, ätherische Öle und Vitamin C, die Rinde enthält Phytosterine sowie Terpene wie Betulin, Betulinsäure und Lupeol und der Rindensaft u.a. Invertzucker. Die Bestandteile der Sandbirke, insbesondere die der Blätter, gelten als blutreinigend, harntreibend und anregend. Sie werden in der Pflanzenheilkunde eingesetzt.

Der durch Anzapfen gewonnene zuckerhaltige Birkensaft wird noch heute z. B. in den baltischen Ländern und in Russland mit Honig versetzt und zu Birkenwein vergoren. Der Saft fand Anwendung gegen Rheuma, Gicht und Wasserleiden. Er sollte auch „angehexte" männliche Impotenz kurieren können. Die Birke galt generell als Symbol der Fruchtbarkeit und Helfer in Liebesnöten.

Der erste Kunststoff der Menschheit wurde aus Birkenrinde durch Trockendestilation als Birkenpech gewonnen. Es diente bereits den Neandertalern bei der Herstellung von Werkzeugen.

In der modernen Kosmetik und Haarpflege wird Birkensaft zur Reinigung der Haut, gegen Ausschläge, Schuppen und gegen Haarausfall verwendet.

Das Holz der Birke ist gleichmäßig gelblichweiß, rötlichweiß oder hellbräunlich gefärbt und besitzt einen seidigen Glanz. Typisch ist die Farbeigenschaft mit fleckenartigen Hell-Dunkel-Lichteffekten. Birken liefern ein dekoratives Nutzholz. Von ganz besonderer Güte und Schönheit ist das Holz der Karelischen Maserbirke. Als Bauholz kann es allerdings wegen seiner geringen Tragkraft nicht verwendet werden, wohl aber in der Wagnerei und Tischlerei (Holzschuhe, Deichseln, Leitern, Fassreifen, Tische und Stühle, Furnier). Es ist ein beliebtes, dank der ätherischen Öle gut brennendes Kaminholz.

Aus der Rinde, dem „Birkenleder", wurden früher Spanschachteln gefertigt. Besonders in Finnland und in Russland stellt man noch heute Gebrauchsgegenstände wie Schuhe, Rucksäcke, Vorratsbehälter für Mehl, Tee und Brot her. Die nordamerikanischen Mi'kmaq-Indianer bauen ihre Kanus aus Birkenrinde, stellen daraus Behälter und Gefäße her, kleiden ihre Wigwams damit aus und nutzen Birkenrinde als Schreibuntergrund für Zeichnungen und Symbole. Selbst Totenkleider für die Bestattung machen sie aus diesem natürlichen Rohstoff.

Der obere Teil der Rinde wurde zur Herstellung von Birkenteer und Birkenöl verwendet. Der untere Teil ist essbar und kann wie Spaghetti zubereitet werden.

Besenbinder machten aus Ästen und Zweigen Besenreiser, Buschbinder bündelten Birkenreisig für den Deich- und Wasserbau, Holzbitzler verwendeten die Wurzelstöcke für Bierkrüge mit Deckel, die Spänemacher verarbeiteten das Holz zu Spänen und Schleißen, die im Winter beim Kirchgang zum Leuchten verwendet wurden, weil sie kaum Rauch entwickeln. In der russischen und finnischen Sauna wird mit einem Badequast (Wenik) aus Birkenreisig die Durchblutung der Haut durch „Abschlagen" angeregt. Birkenruten waren auch ein gefürchtetes Züchtigungsinstrument.

Die Legende:

Die Birke ist ein Baum der Freude und der weidenden Schäfer, heißt es bei Jacob Grimm, *mit deren Laub sie sich schmücken, in deren Schatten sie lagern, in deren weiße, weiche Rinde sie Namen einschneiden.* Und Christian Fürchtegott Gellert dichtet: *Die Birken wissens noch, wenn wir zusammen kamen, / da ward gewiss geküsst, bis dass wir Abschied nahmen.*

Von alters her gehört die Birke in die Mythenwelt der nordischen Menschen. Sie gilt als heiliger Baum, der die Fruchtbarkeitsgöttin im Frühling symbolisiert, wie das noch heute als Tradition des Maibaums und des Maigrüns erhalten ist. Birken wuchsen bis weit an die nordische Vegetationsgrenze und lieferten reichlich Nutz- und Brennholz. Aus Birkenbast wurden Zelt- und Dachbedeckungen gemacht, aus ihrem Holz wasserdichte Gefäße, Bestandteile der Kleidung, Schuhwerk und Gürtel.

Als der finnische Nationalheld Wäinämöinen die Wälder rodete, um Ackerland zu gewinnen, ließ er nur die Birken stehen. Ihr heller Stamm gab Anlass für zahlreiche Mythen. Die sibirischen Schamanen stiegen über neun Astansätze zum Höchsten Geist hinauf. Ringe aus Birkenrinde spannten sie über die Felle ihrer Beschwörungstrommeln.

Mit Birkenruten haben die Germanen Grenzen und Rechtsbezirke abgesteckt. Birkenhaine waren der Versammlungsort der Gauvertreter.

Bei den Römern erlangte die Birke eine ganz andere Bedeutung. Die Liktoren, Leibwache hoher Beamter, die das Recht zu strafen und Todesurteile zu verhängen hatten, trugen mit einem roten Band zusammengeschnürte Rutenbündel aus Birkenzweigen, aus denen ein Beil herausragte.

Im Mittelalter züchtigten Stadtknechte Verbrecher und Geisteskranke mit Birkenruten. Die negativen Assoziationen zur Birke werden aber deutlich überstrahlt von den vielen Märchen, Sagen und Liedern, in denen der Baum stets leuchtet wie seine Rinde in trüben Zeiten. Im Gedicht „Die Birke" von Otto Julius Bierbaum heißt es in der ersten Strophe:

Die junge Frühlingssonne / Mit zarten Strahlenfädchen / Flirrt um die Jungfer Birke / Mattgoldenes Filigran.

Birne

Die Pflanze:

Die Birnen *(Pyrus)* bilden eine Pflanzengattung, die wie die Äpfel zu den Kernobstgewächsen *(Pyrinae)* in der Familie der Rosengewächse *(Rosaceae)* gehört. Noch vor den Blättern oder zusammen mit ihnen erscheinen die Blüten in doldentraubigen bis traubigen Blütenständen. Die Gattung ist in Nordafrika, Europa (außer Nordeuropa) und Westasien über Persien und den Himalaya bis nach Ostasien und Japan vertreten.

Es existieren viele Arten von Birnensorten, die im Laufe der Jahrhunderte gezüchtet und veredelt wurden. Theophrast erwähnt drei, Cato fünf bis sechs und Plinius kennt bereits 38 Birnensorten. Im 17. Jahrhundert existierten in Frankreich an die 300 Sorten, im 19. Jahrhundert war man schon bei 1000 angelangt. Die heutige Anzahl der Sorten in der ganzen Welt wird auf 5000 geschätzt.

Birnbäume werden entweder zum Obstanbau oder zur Zierde gepflanzt. Für die europäische Obstproduktion sind Varietäten von *Pyrus communis* wichtig, in Asien sind es die Sorten von *Pyrus pyrifolia.* Als Stammpflanze gilt die Holz- bzw. Wildbirne *(Pyrus pyraster* und *Pyrus achras)* mit ihren harten, herben Früchten. Die ersten Kultursorten wurden in Persien gezüchtet, die über Griechenland und Rom nach Mitteleuropa gelangten, wo sie mit einheimischen Arten weiterveredelt wurden.

Wie beim Apfelbaum sind die Äste der Wildform (Holzbirne) dornenbesetzt, nur die Kulturformen sind dornenlos. Die Birne entwickelt im April, also noch vor den Äpfeln, zwittrige Birnenblüten mit fünf weißen Kronblättern, aus deren Mitte etwa zehn dunkelrote Staubbeutel entspringen. Die Birne ist wie der Apfel eine Scheinfrucht.

Der Name:

Das deutsche Wort Birne (ahd. *bira,* mhd. *bir, bire)* ist ein sehr altes Lehnwort, hergeleitet aus lat. *pirum* und dem verwandten griech. *(h)ápion,* entstanden aus einer vorindogermanischen Mittelmeersprache. Die wissenschaftliche Schreibung *Pyrus pyraster* geht auf eine antike Volksetymologie zurück, die das Wort mit griech. *pýr* (= Feuer) in Verbindung brachte. Das griech. *achras* bezeichnet den wilden Birnbaum und seine Frucht.

Heutige Sorten haben oft klangvolle Namen wie z. B. Williams Christ, Gute Luise, Clapps Liebling, Gellerts Butterbirne, Conference, Nordhäuser Forellenbirne, Köstliche von Charneu. Getrocknete wilde Birnen nannte man Hutzeln oder Kletzen.

Die Nutzung:

Birnen enthalten reichlich Vitamine A, B1, B2 und C sowie die Mineralstoffe Kalium, Kalzium und Magnesium. Die meisten Inhaltsstoffe befinden sich dicht unter der Schale. Sie wirken Blutdruck senkend, Fett abbauend, desinfizierend, harntreibend und beruhigend. Die Birne soll das Gedächtnis verbessern. Eine kulinarische Besonderheit ist der Wildbirnenmost, dessen Herstellung aber Geduld erfordert, weil die Früchte wegen ihrer Gerbsäure viel Zeit zum Gären benötigen. Offenbar meinte Gustav Schwab in seinem Gedicht „Die Insel der Seelen" dieses Gebräu mit den Zeilen: *Reicht mir vom Trank der wilden Birne / Und löscht den heißen Durst mir aus!*

Hildegard von Bingen beschrieb rohe Birnen als schwer verdaulich. Sie empfahl eine gekochte *Latwerge* (ein mit Gewürzen zubereitetes Mus) als sehr hilfreich bei *schlechten Säften im Körper und Migräne.* Rohe Birnen galten allgemein als bedenklich, ja sogar giftig. Es hieß: *nach einer rohen Birne Wein oder den Priester.* In der Volksheilkunde werden die jungen Blätter und die Früchte verwendet. In der Sammlung alter Sagen und Bräuche von Karl Bartsch heißt es: *Die Gicht zu stillen. Wenn es ein Mann ist, umfaßt er einen Birnbaum (eine Frau dagegen einen Apfelbaum) drei Freitage vor Sonnenaufgang...*

Zu kulinarischen Ehren kam die Birne erst unter dem Sonnenkönig Ludwig XIV., in dessen Gärten von Versailles *(Potager du Roi)* man noch heute uralte Birnbäume bestaunen kann.

Das Holz der Wildbirne wurde als Ebenholzimmitat, z.B. für die schwarzen Tasten des Klaviers, verwendet, weil es sich gut einfärben lässt. Verwendung findet Birnenholz häufig im Innenausbau für Vertäfelungen und Parkett, auch im Musikinstrumentenbau (Blockflöten), für Zeichen- und Messgeräte, für Hobel, Druckstöcke für Holzschnitte, im Modell- und Formenbau sowie als Drechsler- und Schnitzholz. Früher wurde die Rinde zum Färben und in der Gerberei verwandt.

Die Legende:

Der Birnbaum und seine Früchte spielen in den Mythen eine wichtige Rolle. Es heißt, die Holzbirne sei den Menschen aus dem Paradies gefolgt. Ihre Früchte waren Nahrung, ihr Holz Brennmaterial besonders für rituelle Feuer wegen der großen Hitze, die es erzeugt.

Dem griechischen Mythos zufolge wurde Tantalos wegen seiner bösen Taten gegen die Götter und die Menschen in die Unterwelt verbannt, um seine Untaten unter einem Birnbaum zu büßen. Wenn er Hunger hatte und die über ihm hängenden Birnen essen wollte, schnellten die Zweige zurück, sobald er danach griff.

Oft wurden dem Birnbaum dämonische Kräfte zugeschrieben, weshalb christliche Missionare besonders verehrten oder gefürchteten Exemplaren die Axt anlegten, um die Stärke des neuen Glaubens zu beweisen. Weil die Griechen die veredelten Früchte Aphrodite zuordneten, galt sie den Kirchenvätern als Symbol sündiger Triebe. Noch lange hielt sich der Glaube, dass ein Birnbaum neben dem Stall Fruchtbarkeit auf dem Hof erzeuge. Viele Birnen, hieß es, bedeuten viele Kinder, vor allem Mädchen.

Nach alter Vorstellung sollten Hexen mit den Kernen und der Rinde Zahnschmerzen, Gicht, Kopfschmerzen, Schwindsucht und Magenleiden heilen können. Häufig wird eine Verbindung zum Teufel hergestellt. Der Platz, an dem ein besonderer Birnbaum steht, ist der Ort, wo ein großer Schatz vergraben liegt. So erzählt Bernhard Baader: *Eine Schmiedsfrau in Kitzingen, welche um Mitternacht über ihren Hof ging, sah dort einen Haufen glühender Kohlen unter einem Birnbaum liegen, worunter auch ihr Mann schon nachts einen schwarzen Pudel wahrgenommen hatte. Sie holte einen Korb herbei, füllte die Kohlen darein und schüttete sie in ihre beste Stube. Als sie am Morgen daselbst nachsah, fand sie die Kohlen in lauter Geld verwandelt.*

Der berühmteste Vertreter seiner Gattung ist der Birnbaum im Walserfeld bei Salzburg. Unzählige Male soll er zerstört worden und doch immer wieder neu ergrünt sein. Wenn einst die Welt in große Gefahr geriete, würde Kaiser Karl aus seinem Schlaf erwachen und seine Getreuen zur letzten Schlacht unter dem Baum versammeln. Adelbert von Chamisso reimt in seinem Gedicht „Der Birnbaum auf dem Walserfeld“: *Das Walserfeld bei Salzburg, bezeichnet ist der Ort, / Dort steht ein alter Birnbaum verstümmelt und verdorrt.* Und in Emanuel Geibels „Gesicht im Walde“ heißt es: *Es rührt im Birnbaum auf dem Walserfeld / Sich schon der Saft, und deinem Volk zum Heile / Erscheinen wird der langersehnte Held.* Theodor Fontane schrieb die Novelle „Unterm Birnbaum“. Und er reimte fröhlich in seinem Gedicht „Herr Ribbeck auf Ribbeck im Havelland“:

Ein Birnbaum in seinem Garten stand,
Und kam die goldene Herbsteszeit
Und die Birnen leuchteten weit und breit,
Da stopfte, wenn's mittag vom Turme scholl,
Der von Ribbeck sich beide Taschen voll…
Und kam ein Mädel, so rief er: „Lütt Dirn,
Kumm man röwer, ick hebb 'ne Birn.“

Brombeere

Die Legende:

Die heimischen Brombeeren *(Rubus fruticosus)* gehören in die mehrere tausend Arten – 2000 sollen es allein in Europa sein – umfassende, weltweit verbreitete Pflanzengattung *Rubus*. Die 50 bis 300 Zentimeter groß werdende stachelige Kletterpflanze gedeiht besonders gut in sonnigen bis halbschattigen Lagen mit kalk- und stickstoffreichen Böden. Sie blüht zwischen Juni und August und bildet weiße, mitunter auch rosafarbene Blüten aus.

Die blauschwarzen, saftigen Früchte sind eigentlich keine Beeren, sondern Sammelsteinfrüchte. Jede ihrer kleinen Einzelbeeren ähnelt einer Steinfrucht mit einer dünnen Außenhaut. Anders als bei der Himbeere ist die Frucht fest an den Blütenboden gebunden. Außer durch Bestäubung vermehren sich Brombeeren auch vegetativ über Ausläufer und Absenker.

Der Name:

Das Wort Brombeere hat sich aus dem ahd. *brāmberi,* das ist die Beere des Dornbuschs *(brāme)*, entwickelt. Wahrscheinlich ist damit ursprünglich der Stechginster gemeint gewesen.

Andere deutsche Namen sind: Brambeere, Bramberi, Bramel, Brämel, Braubeere, Bremen, Brombesing, Bromedorn, Bromelbeere, Brommen, Brumenbeere, Braunbeere, Frombeere, Hirschbollen, Katzenbeere, Kratzbeere, Kratzelbeere, Kroatzbeere, Moren, Nurr oder Rahmbeere.

In einigen Regionen heißt sie auch Maulbeere, was aber nichts mit einem Mund zu tun hat, sondern abgeleitet wurde von ahd. *mūr-, mōrberi,* mhd. *mūlber* für Maulbeere, das sich aus dem lat. *morum* (= Maulbeere) entwickelt hat. In fast allen romanischen Sprachen hat sich dieses Wort durchgesetzt (z. B. frz.: *mûre,* span. und ital.: *mora,* port. *emore)*. In England heißt die Brombeere *bramble,* geht also auf die alte Form *brāmberi* zurück.

Der wissenschaftliche Name *Rubus* ist entweder vom lat. *ruber* (= rot) bzw. *rubetum* (= Brombeergesträuch) abgeleitet oder geht auf das indogermanische Wort *reub* für reißen zurück.

Das Artepitheton *fruticosus* bedeutet fruchtig und meint die Beere, die – siehe oben – eigentlich eine Sammelsteinfrucht ist.

Das Zedlersche Universallexikon erklärt: *Das Wort Rubus kommt von rubro colore, dieweil die Brombeeren, ehe sie zeitig werden, roth sehen, und mit ihrer grossen Menge machen, daß der Strauch von Ferne gleichfalls ganz roth aussieht.*

Die Nutzung:

Archäologische Ausgrabungen von Siedlungen haben den Nachweis erbracht, dass Brombeeren schon in der Jungsteinzeit (ca. 9. Jh. v. Chr.) von Menschen gegessen worden sind.

Durch den griechischen Arzt Hippokrates wurden die Blätter und Früchte der Brombeere zu Heilzwecken eingesetzt. Auch Theophrast, Dioskurides und Galen kannten und beschrieben ihre Wirkung.

In den mittelalterlichen Kräuterbüchern wurde sie ebenfalls erwähnt. Tabernaemontanus schreibt: *Die Blätter und unzeitige Frucht in Wein und Essig gesotten / im Mund gehalten / machen die Zähn fest / so da sehr wackeln. Die Blätter zerrieben und übergelegt / heylen die gülden Ader / und stillen das Blut.... Diß Laub gedört / zu Pulver gestossen / ist nutzlich zu den Geschwären des Viehes / eingestreut.*

Hildegard von Bingen schließlich empfahl die Stacheln des Brombeerstrauchs zum *Eröffnen eitriger Zungengeschwüre* und die Blätter gegen Würmer und Husten.

Die Blätter enthalten u.a.: Gallotannine, dimere Ellagitannine, Zitronensäure, Flavonoide, Triterpensäuren; die Beeren: Vitamin A, Vitamin B-Komplex, Vitamin C, Kalium, Magnesium, Phosphat, außerdem geringe Mengen von Zink, Natrium, Mangan und Eisen sowie Carotinoide, Anthocyane, Polyphenole (vor allem Ellagsäure), ätherische Öle, Eiweiß und Lutein.

Brombeerblätter wirken als Tee oder Tinktur gegen Durchfall und Weißfluss sowie als Gurgelmittel bei Entzündungen im Rachenbereich und bei Mandelentzündung. *Der Saft aus denen Beeren mit Honig gesotten, wird in Mund- und Halß-Geschwüren und Wunden gebraucht,* beschreibt Zedlers Lexikon.

Die schmackhaften Früchte werden zu allerlei Speisen (Marmelade, Gelee und Mus) und Spirituosen (Brombeerlikör) verarbeitet, aber am liebsten roh und möglichst gleich vom Strauch gegessen. *Amseln und Leute, die nichts besitzen und verdienen, suchen die Beeren,* steht in Hieronymus Bocks Kräuterbuch.

Die Legende:

Wenn man durch die Bögen des stachligen Brombeerstrauches, dessen Zweige sich zur Erde neigen und neue Wurzeln schlagen, kriecht, so streift man Krankheiten ab oder wird hellsichtig, weiß der Volksmund.

Als gemeine Figur in der Heraldik ist diese Krone aus verschlungenen Brombeerzweigen auch in Wappen anzutreffen.

Auf jeden Fall erkenne man Hexen rechtzeitig, sofern man einen Brombeerzweig heimlich mit sich führt. Um reich zu werden, muss man nur die Zauberformel für die Blätter und Beeren kennen.

Was weniger ins Reich des Aberglaubens führt, ist die Beobachtung, dass es bei vielen Brombeeren am Strauch einen kalten Winter geben wird.

Besonders beliebt war die Pflanze allerdings nicht bei den Bauern, denn wo sie sich einmal eingenistet hatte, wucherte sie schnell und war schwer wieder zu entfernen. *Sie kriecht mit ihren dünnen Wurzeln in der Erde herum,* beschreibt Zedler. Häufig wurde der Strauch mit dem Teufel in Verbindung gebracht.

Plinius nannte die Brombeere die „Pest in der Sonne", rühmte allerdings ihre Früchte.

If reasons were as plenty as blackberries, sagt man in England: Wenn Gründe so reichlich wären wie Brombeeren.

Ludwig Tieck schreibt in seinem Roman „Vittoria Accorombona", indem er auf die Verbindung zum Leibhaftigen anspielt: *Ihr habt es selbst gesehn, alter einsichtsvoller Mann, und habt es mir gewiesen, wie er so blitzblau auf seinem Rücken von den Teufeln gezeichnet war, daß er wie eine Brombeere, oder schwarze rote Maulbeere ausschaute.*

In den Kämpfen der griechischen Titanen gegen die Götter, die sie am Ende verloren, ist reichlich Blut geflossen. Der antike Mythos will es, dass daraus die Brombeere wurde.

Wenn in der Bibel vom „brennenden Busch" die Rede ist, in dem sich Gott Mose offenbarte, dürfte zwar der Diptam gemeint sein (siehe Band I dieser Reihe), aber in der bildlichen Darstellung des Mittelalters erscheinen immer wieder Brombeerbüsche. Das mag darauf zurückzuführen sein, dass der Diptam in Mitteleuropa zu der Zeit noch realtiv unbekannt war.

Für die Dornenkrone Jesu wählten die Künstler dornenreiche Brombeerzweige. Das führte auch zur Verklärung als Mariensymbol wegen ihrer Wehrhaftigkeit und dem *köstlichen Schmelz ihrer Früchte,* wie Marianne Beuchert schreibt.

Buche

Die Pflanze:

Die Buchen *(Fagus)* sind eine Gattung in der Familie der Buchengewächse *(Fagaceae)*. In den nördlichen gemäßigten Zonen Europas, Amerikas und Asiens kennt man elf Vertreter dieser Gattung. In Europa sind die Rotbuche *(Fagus sylvatica)* und die Orientbuche *(Fagus orientalis)* beheimatet.

Buchen gedeihen am besten bei einem im Winter milden und im Sommer kühlen, feuchten ozeanischen Klima. Sie sind seit dem Tertiär nachgewiesen. Ihr vermehrtes Aufkommen vor etwa zehn Millionen Jahren kennzeichnet eine langsame Abkühlung in Gebieten mit bis dahin subtropischem Klima.

Die Rotbuche kann eine Höhe von 30 Meter, im dichten Wald sogar bis 45 Meter, und einen Stammdurchmesser im Freistand bis zwei Meter erreichen. Sie wird bis zu 300 Jahre alt. Es sind auch noch ältere Exemplare gefunden worden. Die Krone einer ausgewachsenen Buche vermag bis zu 600 m^2 zu beschatten.

Die sommergrünen Bäume haben eine glatte, graue Rinde. Gelegentlich wird im Alter eine schwache Borke ausgebildet. Die Laubblätter sind wechselständig stehende Blätter, ganzrandig gekerbt oder gezähnt und haben kleine Härchen am Rand. Buchen sind einhäusig getrenntgeschlechtlich und werden vom Wind bestäubt. Die männlichen Blütenstände sind kätzchenartig. Aus den zu dritt zusammensitzenden weiblichen Blüten bilden sich die Bucheckern. Diese dreikantigen Nüsse sitzen zu zweit oder zu dritt in einem so genannten Achsenbecher.

Der Name:

Bei dem landläufig kurz Buche genannten Baum handelt es sich um die Rotbuche *(Fagus sylvatica)*, die in der Botanik wegen der genaueren Gattungszuordnung mit Bindestrich (Rot-Buche) geschrieben wird. Der Name Buche – mhd. *buhs*, ahd. *buohha*, aengl. *bōc* – wurde dem lat. *buxus* entlehnt, das auch in Buchsbaum enthalten ist. Das lateinische Wort entstammt wie das ähnliche griechische *pyxos* einer unbekannten Mittelmeersprache.

Der Begriff *Buchstabe* entstand aus Buchenholzstab. Buchenholzstäbe wurden zum Deuten der auf ihnen eingeritzten Runen vom Boden aufgelesen (daher: lesen). In dieser Verbindung entwickelte sich auch das Wort *Buch* aus dem alth. *buoh*, einer Holzschreibtafel aus Buche.

Die Rotbuche hat ihren Namen von der rötlichen Farbe des frischen Holzes, nicht wegen der Blätter. Die oft in Parks und Gärten anzutreffende dunkelrot belaubte Blutbuche *(Fagus sylvatica f. purpurea)* ist eine Mutation, die auch wild vorkommt.

Das lat. *fagus* stammt vom griech. *phagein* (= essen) ab und bezieht sich auf die Essbarkeit der Buchecker. Die Beifügung *sylvatica* ist das Adjektiv zu lat. *silva* (= Wald, Baum) und verweist auf den Wuchsort des Baumes, nämlich auf den Wald.

Die Nutzung:

Die öl- und eiweißhaltigen Bucheckern dienten Menschen und Tieren einst als Nahrung in den kalten Jahreszeiten. Vor dem Verzehr wird allerdings inzwischen gewarnt, weil sie leichte Vergiftungen durch die vor allem in den noch nicht ausgereiften Früchten enthaltene Oxalsäure hervorrufen können. Dennoch wurde im 19. Jahrhundert und in den Notzeiten nach dem Zweiten Weltkrieg aus den Nüssen Öl gepresst, das beim Kochen und als Lampenöl Verwendung fand.

Die essbaren Blätter der Buchen galten als entzündungshemmend. Man zerkaute sie bei Zahnfleischproblemen oder benutzte sie bei Geschwüren als Wundauflagen.

Früher wurde die Buche als Heilpflanze gegen Hautkrankheiten und Husten genutzt (Buchenteer bzw. Buchholzteer). Dies wird aber heute wegen besser wirkender Medikamente kaum noch angewendet. Tabernaemontanus schreibt in seinem Kräuterbuch: *So man frische Blätter kauet / helffen sie wohl wider den Leffzen und des Zahnfleischs hitzige Geschwulst und Geschwär. Gestossen und aufgetrichen / stärcken sie die schlaffen Glieder.*

Er fährt fort, indem er auf eine andere Verwendung der Buche hinweist: *Es wird dieser Baum mehr zum bauen und zum brennen dann zur Arzney gebraucht / dann im Wasser bleibt sein Holz unverzehrt / und wird vester davon / Also machen die Baursleut aus den Rinden mancherley Gefäß und Körbe. Aus den faulen Bäumen brennet man Weidaschen zum färbe.*

Die Asche verbrannten Buchenholzes diente zur Waschlaugenherstellung und zur Glasproduktion. Für die Glasherstellung wurden große Bestände abgeholzt. Buchenasche im Verhältnis zwei zu eins mit Sand vermischt ergab das grüne Waldglas. Um 100 Kilogramm reine Pottasche zu gewinnen, mussten rund 200 Kubikmeter Holz verbrannt werden. Weitere 100 Kubikmeter waren notwendig, um die Pottasche zu Glas aufzuschmelzen.

Die abgeholzten Flächen wurden meistens mit schnell wachsenden Fichten aufgeforstet. Dabei entstand ein Waldtyp, den man als *Glaswald, Glastobel* oder *Schmelzwald* bezeichnete.

Sehr geschätzt wird das Holz der Buche als Gebrauchsholz für Sperrholz und Furniere. Die gute Spaltbarkeit machte es besonders geeignet. Deshalb fertigte man früher auch Buchdeckel, Seiten von Wachstafelbüchern und Webbrettchen daraus.

Buche ist zudem ein begehrtes Holz für Öfen und Kamine, u.a. weil es nur wenig Funken sprüht.

Die Legende:

Obwohl die Buche ein häufig anzutreffender Baum ist, spielt sie im Volksglauben eine vergleichsweise geringe Rolle. Buchenholz, bei Neumond geschlagen, soll gegen Holzschädlinge gefeit sein. Nach einer guten Mast sei ein starker und harter Winter oder ein starkes Mäusejahr zu erwarten.

In der Schweiz heißt es: „Vil Buech, vil Fluech“ (Viele Bucheckern bedeuten viel Pech). Um eine Voraussage für den kommenden Winter treffen zu können, heißt es: *Wenn man Anfang November mit einer Axt in eine Buche schlägt und die Wunde trocken bleibt, gibt es einen strengern Winter.* Der Irrglaube, Buchen würden nur selten vom Blitz getroffen *(Vor Eichen sollst du weichen, Buchen sollst du suchen!)* ist darauf zurückzuführen, dass der Blitzschlag an Eichen deutlichere Schäden hinterlässt als an der Buche.

Weit verbreitet war bei den Germanen der Kult, dass man den Göttern unter besonders dafür ausgesuchte Buchen blutige Opfer in Form aufgehängter Schädel, Knochen und Felle bringen müsse, um sie gnädig zu stimmen. Darauf spielt auch Annette von Droste-Hülshoff in ihrem Roman „Die Judenbuche“ an. Darin heißt es: *Hiebei sah Brandis, wie er so auf dem Rücken lag, in die Höhe, sprang dann mit einem Satze auf und wie besessen ins Gestrüpp hinein. Totenbleich kam er auf dem Schlosse an: in der Judenbuche hänge ein Mensch; er habe die Beine gerade über seinem Gesichte hängen sehen.* Und die Erzählung endet: *Dies hat sich nach allen Hauptumständen wirklich so begeben im September des Jahrs 1788. – Die hebräische Schrift an dem Baume heißt: „Wenn du dich diesem Orte nahest, so wird es dir ergehen, wie du mir getan hast.“*

Wahrscheinlich haben die gerade nach oben strebenden, mit Kraft und Anmut reichlich gesegneten Buchen die Architekten der Gotik zu ihren aufstrebenden Pfeilern und spitzbogigen Fenstern angeregt, wie es Louise Otto in ihrem Gedicht „Wie hoch die schlanken Buchen ragen!“ beschreibt: *Durch freie Maurer eng verbunden / In heil'ger Baukunst Brüderschaft, / Ward einst im Buchenhain gefunden / Des deutschen Baustils Wunderkraft.*

Eberesche

Die Pflanze:

Die Eberesche *(Sorbus aucuparia)* gehört zu den Mehlbeeren *(Sorbus)*. Sie ist von zierlicher Gestalt, die Krone oval bis rundlich und locker aufgebaut, der Stamm walzenförmig mit glatter, glänzender Rinde, die bei zunehmendem Alter im unteren Stammbereich eine mattgraue Färbung und feinrissige Struktur annimmt. Ebereschen werden durchschnittlich 15 Meter groß und können ein Alter von 80, als Gebirgsbaum sogar von 120 Jahren erreichen. Die leuchtend-roten Beeren sind eigentlich keine Beeren, sondern im botanischen Sinne Apfelfrüchte, die im August und September reifen. Vögel, die die Früchte fressen, verbreiten die Samen mit dem Kot.

Die unbehaarte Blattoberseite zeigt eine sommergrüne Färbung, die Blattunterseite ist graugrün gefärbt und kann eine leichte Behaarung entwickeln.

Der Name:

Der Name Eberesche kommt sowohl vom ahd. Wort *avur, aber* als auch von Esche. „Aber" hatte die Bedeutung *verkehrt*, wie wir es in Aberglaube oder Aberwitz kennen. Der Wortteil Esche verweist auf die Ähnlichkeit der Blätter mit denen einer Esche. Eine Eberesche ist also eine *falsche Esche*.

Eine andere Lesart des erst seit dem 15. Jahrhundert bekannten Namens bietet das Duden-Herkunftswörterbuch, indem es auf das gallische Wort *eborus* (dunkelrot) für die Eibe hinweist, welches wiederum auf ein indog. Farbadjektiv zurückgeht und die beiden Pflanzen eigene Rotfärbung der Früchte meint.

Andere regional sehr unterschiedliche Bezeichnungen sind Aberesche, Amselbeere, Blumenesche, Drosselbeere, Ebisch, Ebschbeere, Ebsche, Eibschen, Gimpelbeer, Haweresche, Judenkirsche, Krametsbeerbaum, Kronawetterbeere, Moosesche, Queckbeere, Quitschbeere, Quitsbeere, Quitsche, Queckenboom, Quetsche(n), Stinkholz, Vogelbär, Vogelbeerbaum, Vogelbeere, Wilde Esche, Wielesche oder Zwergesche.

Der Gattungsname *Sorbus* ist wahrscheinlich vom lat. *sorbere* (= schlürfen) abgeleitet. Im Keltischen bedeutet *sor* soviel wie herb, sauer. *Sorbet* ist arabisch und bezeichnet ein Getränk aus dem der Eberesche ähnlichen Speierling *(Sorbus domestica)*. Die Beifügung *aucuparia* steht in Beziehung zu lat. *aucellator*, das ist der Vogelsteller, und meint *die sich zum Vogelfang eignet*.

Die Nutzung:

Entgegen landläufiger Meinung sind Vogelbeeren durchaus genießbar. Die bis in den Winter hinein in dichten Büscheln am Baum hängenden Früchte enthalten viel Vitamin C (bis zu 100 mg pro 100 g Beeren), allerdings auch die abführende Parasorbinsäure, die durch Kochen abgebaut wird. Vor allem aus einigen Zuchtsorten (Essbare Vogelbeere / *Sorbus aucuparia edulis)* lassen sich schmackhafte Marmeladen bereiten.

Früher waren Vogelbeeren ein wichtiges Mittel gegen Skorbut, denn sie enthalten außerdem Provitamin A und den Zuckeraustauschstoff Sorbit, der aus der Sorbose gewonnen wird. Nach den ersten Frösten verlieren die Früchte ihren bitteren Geschmack und werden leicht süßlich.

Aus getrockneten Blättern und Blüten wird ein Tee gegen Husten, Bronchitis und Magenverstimmungen hergestellt, der auch bei Verdauungsbeschwerden, Hämorrhoiden, Rheuma und Gicht helfen soll. Sänger und Redner nutzen die Vogelbeeren, um ihre Stimmbänder geschmeidig zu halten.

Der magenfreundliche Sechsämtertropfen aus dem Fichtelgebirge, wo der Vogelbeerbaum den Status eines Nationalbaums hat, weist als Grundstoff Eberesche auf. Auch der tschechische Likör Jarcebinka ist eine Spezialität aus diesen Früchten. Vogelbeerschnaps hat vor allem in Tirol, Salzburg und in der Steiermark eine lange Tradition. In Hessen wird Eberesche von einigen Kelterern bei der Apfelweinherstellung verwendet, ähnlich wie der Speierling.

Das elastisch feinfasrige und schön gemaserte Holz der Eberesche eignet sich gut zu Drechsel- und Schnitzarbeiten. In den ärmlichen Waldgegenden war das Holz einst so begehrt, dass die Förster die Bäume vor den armen Drehern von Spielwaren schützen mussten.

Die Borke wurde zum Braun- und Rotfärben von Wolle verwendet. Und wegen ihrer Robustheit, großen Ausschlagfähigkeit und humusverbessernden Eigenschaften wird Eberesche im Lawinenschutz und der biologischen Wildbachverbauung eingesetzt.

Die Legende:

Der Vogelbeerbaum war den Germanen als Thor geweihter Baum heilig. Nach einer alten Sage war der Göttervater auf der Suche nach dem Ursprung des schöpferischen Wassers in den wilden Fluss Vimur, das ist der Sprudelnde, gestürzt und fast mitgerissen worden, wenn nicht ein am Ufer wachsender Vogelbeerbaum – nach anderen Quellen war es ein Speierling oder *Thorsbjörg* (Thorsrettung) – ihm seine Zweige entgegengestreckt und ihn so gerettet hätte.

Im keltischen Baumkreis zählt die Eberesche zu den Lebensbäumen. Die Kelten bepflanzten ihre Orakel- und Richtplätze oftmals mit Ebereschen, die als Symbol des Wiedererwachens nach der dunklen Winterzeit gedeutet wurden. Bei den Iren gilt die Vogelbeere als Schutzbaum gegen Blitzschlag und Hexenzauber. Äußerlich angewandt sollen die Beeren sogar Wunden heilen. Und wenn man sie über einen längeren Zeitraum isst, verlängere sich das Leben um ein weiteres Jahr.

Im schwedischen Dalsland schmücken die Hirten um den Himmelfahrtstag herum ihr Vieh an den Hörnern mit Blumen und treiben es nach Hause. Sie führen die Herde mit einem geschmückten Vogelbeerbaum in beiden Händen an. Im Stall wird der Baum an den Giebel gepflanzt. Er soll während der Weidezeit die Tiere vor bösen Geistern und Krankheit bewahren. Das Jungvieh wird benannt, indem ihm bei Verkündung des Namens mit einer Rute des Vogelbeerbaums dreimal auf den Rücken geschlagen wird. Einen ähnlichen Brauch beschreibt Adalbert Kuhn in seiner Sagen- und Brauchtumssammlung:

Am Maitag geht der Hirt (oder Kuhjunge) umher kalver quêken; er geht zuerst zu der Stelle in Berg und Wald, auf welche die ersten Sonnenstrahlen fallen; hier schneidet er einen Zweig eines Vogelbeerbaums mit einem Ruck ab und kehrt dann zum Hause zurück, wo sich alles um die Sterke versammelt; er schlägt dieselbe dreimal mit dem Zweige und spricht:

„Quêk, quêk, quêk,
miälk ûtem hårn in'n strêk,
sâp ûten eiken
maigras saste geneiten
bunte lêve saste heiten."

Dafür erhält der Hirt oder der Kuhjunge Eier oder auch Geld und bäckt sich dann einen Eierkuchen; mit den Schalen der Eier wird das quêkrîs nebst Bändern und buntem Papier geschmückt und über der Stallthür aufgestellt. Meinerzhagen, Balwe u.s.w. – In Hemer lautet der Spruch nach Woeste's Mittheilung:

„Quiek, quiek, quiek!
säute miälk in deinen striek!
sap in de aike,
huånich in de baüke!
den namen sastu genaiten:
kuålhenne sas tu haiten."

Eibe

Die Pflanze:

Die Eibe *(Taxus baccata)* gehört zur Familie der Eibengewächse *(Taxaceae)*. Sie sind immergrüne Sträucher oder kleine bis mittelgroße Bäume. Junge Zweige haben eine grüne bis gelblich-grüne Rinde, die später rötlichbraun wird. Auf der Nadeloberseite tritt die Mittelader hervor, auf der Unterseite befinden sich zwei helle Streifen mit Spaltöffnungen, durch die der Austausch von Kohlenstoffdioxid, Sauerstoff und Wasserdampf mit der Umgebung stattfindet.

Männliche und weibliche Blüten stehen auf unterschiedlichen Pflanzen. Weibliche Pflanzen tragen im Herbst rote „Früchte" mit einem Samen. Der Botaniker spricht von einem Samenmantel, da es Früchte im eigentlichen Sinne nur bei bedecktsamigen Pflanzen geben kann. Vögel verbreiten die Pflanze, indem sie den fleischigen Samenmantel verzehren und den Samen später wieder ausscheiden.

Die Eiben sind vor allem in den gemäßigten Zonen der Nordhalbkugel beheimatet. In Amerika erstreckt sich ihr Verbreitungsgebiet bis nach Mexiko, Guatemala und El Salvador. In Südostasien kommen sie in tropischen Gebirgswäldern vor und überschreiten auf Celebes den Äquator. Während sie im Norden ihres Verbreitungsgebietes in tieferen Lagen zu finden sind, erreichen sie in den Tropen Höhenlagen bis zu 3000 Meter. Eiben wachsen in der Strauchschicht feuchter Wälder oder bilden einen Teil der Kronenschicht.

Die bis zu 15 Meter Höhe erreichende, immergrüne, langsam wachsende und harzlose Eibe ist die älteste (Tertiärrelikt) und schattenverträglichste Baumart Europas. In Deutschland steht sie auf der Roten Liste der gefährdeten Arten. Sie war 1994 Baum des Jahres.

Der Name:

Für den Namen Eibe liegen verschiedene Deutungen vor. Zum einen wird vermutet, dass er aus dem ahd. Wort *iwa* für Bogen abzuleiten ist, weil die Germanen Pfeil und Bogen aus Eibenholz herstellten. Nach einer anderen Interpretation kommt Eibe vom indog. Farbadjektiv *ei*, was rötlich oder bunt bedeutet und das rötlich-braune Kernholz meint. Das Grimmsche Wörterbuch vermerkt: *ahd. îwa, mhd. îwe, ags. îv, engl. yew, dän. ibe, ibenholt, schwed. id, idegran, ir. iubhar, gal. iubhar und iughar, franz. if, yf. der Wechsel zwischen iubhar, iughar wie zwischen ubh und ugh, ovum, auch wird ahd. îga neben îwa angegeben.*

Andere im deutschen Sprachraum gebräuchliche Namen für Eibe sind z.B. Bogenbaum, Eife, Ibenbaum, Ifenbaum, Iwenbaum, Kandelbaum, Roteibe, Taxe, Taxbaum, Taxen, Ybe oder Ypenbaum.

Der wissenschaftliche Gattungsname *Taxus* leitet sich vermutlich vom lat. *taxare* für strafen ab, womit er auf die Giftigkeit der Pflanze verweist. Aber auch hier liegt noch mindestens eine andere Ableitung vor, indem auf die Verwendung des Holzes als Ausgangsmaterial für Pfeil und Bogen reflektiert wird, denn das griechische Wort *toxon* bedeutet Bogen.

Der lateinische Artname *baccata* bedeutet beerentragend, hergeleitet von lat. *baca,* die Beere.

Die Nutzung:

Eibenholz hat in der Geschichte der Menschheit eine wichtige Rolle gespielt. Aus dem harten, elastischen Holz wurden Bögen und Speere gefertigt. Einer der ältesten Speere aus Eibe wurde in der Nähe von Clacton-on-Sea, Essex, gefunden. Er dürfte ein Alter von 150.000 Jahren haben. Ein anderer Fund, eine 2,38 Meter lange Eibenholzlanze, stammt aus dem Brustkorb eines seit etwa 90.000 Jahren konservierten Waldelefantenskeletts nahe dem niedersächsischen Lehringen. In der Jungsteinzeit wurde Eibenholz für die Herstellung von Gebrauchsgegenständen wie Löffel, Teller, Schalen, Nadeln und Ahlen verwendet. Reste bronzezeitlicher Pfahlbauten z.B. am Mondsee im Salzkammergut zeugen von der frühen Verarbeitung des äußerst feuchtigkeitsbeständigen Eibenholzes.

Seit dem 8. Jahrhundert wurden die unterschiedlichen Eigenschaften von elastischem Splintholz und sich gut komprimieren lassendem Kernholz für die Herstellung von Bögen genutzt. Die Zugspannung dieser Kompositbögen konnte 36 bis 54 kg erreichen. Die Verwendung des Eibenholzes für die Waffenherstellung führte dazu, dass die europäischen Eibenbestände stark dezimiert wurden. 1521 und 1567 wurden aus Österreich und Bayern zwischen 600.000 und einer Million zwei Meter lange und sechs Zentimeter breite Eibenstäbe für die Weiterverarbeitung zu Bögen ausgeführt.

Alle Teile mit Ausnahme der Scheinfrüchte enthalten hochgiftige Taxane oder Taxan-Derivate (Diterpene). Pferde können bereits von 100 bis 200 g getötet werden, bei Rindern sind etwa 500 g tödlich. Kaninchen überleben 2 g Eibennadeln nicht. Unempfindlich gegenüber dem Gift sind Hasen, Rehe und Rothirsche, die große Schäden durch Wildverbiss verursachen. Vergiftungserscheinungen können beim Menschen nach dreißig Minuten auftreten. Ein Auszug von 50 bis 100 g Eibennadeln kann für den

Menschen tödlich sein. Auch bei der Verarbeitung von Eibenholz ist Vorsicht geboten.

In der Medizin des frühen Mittelalters wurden mit Eibenzubereitungen Epilepsie, Diphtherie und Rheumatismus sowie Hautausschläge und Krätze behandelt. Eibenlaub wurde in geringen Mengen dem Viehfutter – wie noch heute z. B. in Albanien – beigemischt, um Krankheiten vorzubeugen.

Der ungiftige rote, süßliche Samenmantel wurde nach Entfernen der giftigen Samen zu Marmelade verkocht.

Das schwer spaltbare dichte Eibenholz ist hart wie das der Esche, zudem trocknet es, ohne zu reißen. Das witterungsbeständige Kernholz wurde zu Gefäßen und Zaunpfählen verarbeitet. Aus Eibenholz wurden Bogenwaffen und Armbrüste wegen der federnden Stoßkraft hergestellt.

Die Legende:

Die Kelten vergifteten ihre Pfeilspitzen mit Eibennadelabsud. Caesar berichtet von dem Eburonenkönig Catuvolcus, der lieber mit Eibengift Selbstmord beging als sich den Römern zu ergeben. Dioskurides behauptet, dass unter einer Eibe schlafende oder von seinem Schatten getroffene Menschen auf der Stelle sterben könnten. Plinius warnt, aus Eibenholzgefäßen zu trinken. Hieronymus Bock empfiehlt den Rauch der Eibe gegen Mäuse. Auch vor Blitz und Donner sollte die Eibe schützen. Artemis tötete mit Eibengiftpfeilen die Töchter der Niobe, weil sie sich ihr gegenüber für ihren Kinderreichtum gerühmt hatte. Furien straften (lat. *taxare)* mit Eibenholzfackeln. Die Schattengänge ins Totenreich waren von Eiben gesäumt.

Wegen ihrer Giftigkeit spielte die Eibe im Altertum eine wichtige Rolle im Totenkult. Mit der Christianisierung entstanden Friedhöfe oft im Umfeld einst heiliger Eiben, was die Häufigkeit von Eiben auf Friedhöfen erklärt.

Theodor Fontane stellt seiner Erzählung „Der Eibenbaum im Parkgarten des Herrenhauses“ folgendes Gedicht an den Anfang: *Die Eibe / Schlägt an die Scheibe, / Ein Funkeln / Im Dunkeln. / Wie Götzenzeit, wie Heidentraum / Blickt ins Fenster der Eibenbaum.*

In Karl Immermanns „Die Wunder im Spessart“ lesen wir: *Verwundert trat der schwarze Köhler, den Maserast in der Hand, aus den Sträuchen auf die Steine, sah den Stecken liegen, bekreuzte sich und sprach: „Der ist von der Eibe, die da droben wächst im Eulenstein, wo der Schuhu horstet. Sie sagen, sie schaffe den Zauber, und löse geschaffenen Zauber. Gott behüte uns! der Alte hatte böse Dinge auslaufen lassen.“*

Eiche

Die Pflanze:

Die sommergrünen oder immergrünen Eichen *(Quercus)* gehören in die Familie der Buchengewächse *(Fagaceae).* Die Gattung umfasst bis zu 600 Arten, 450 in der Untergattung *Quercus,* bis zu 150 in der Untergattung *Cyclobalanopsis.* Männliche Blüten sind in hängenden Blütenständen (Kätzchen) zusammengefasst, weibliche enthalten drei bis sechs Fruchtblätter und Stempel. Eichen sind an ihrer von einem Fruchtbecher eingeschlossenen Nussfrucht, der Eichel, in den einzelnen Arten leicht zu unterscheiden.

In Deutschland sind Eichen mit neun Prozent nach den Buchen die verbreitetste Laubbaumgattung. Sie wachsen meistens in Mischwäldern. Größere Eichenwälder sind selten. Eichen sind bereits im Tertiär nachweisbar, zum Beispiel in zwölf Millionen Jahre alten Sedimenten der Niederrheinischen Bucht. Sie bieten bis zu 1000 Insektenarten Lebensraum. Bei Fontane lesen wir in der „Königseiche“: *Eine Welt von Getier bewohnt die alte Eiche. Der Bockkäfer in wahren Riesenexemplaren hat sich zu Hunderten darin eingenistet; am ersten großen Ast schwärmen Waldbienen um ihren Stock, und im kahlen Geäst, höher hinauf, haben zahllose Spechte ihre Nestlöcher.*

Als eine der ältesten Eichen Europas gilt die 990 erstmals urkundlich erwähnte 1000-jährige Eiche *(Quercus robur)* in Bad Blumau (Oststeiermark) mit einem Stammumfang von 8,75 Meter. Eine Stieleiche in Bulgarien wird sogar mit 1640 Jahren angegeben. Die älteste Eiche Deutschlands ist die 1500 Jahre alte Feme-Eiche in Raesfeld-Erle, Kreis Borken. Berühmt sind die Ivenacker Eichen in Mecklenburg-Vorpommern, deren stärkste einen Durchmesser (in Brusthöhe) von 3,50 Meter und eine Höhe von mehr als 35 Meter hat und ein Holzvolumen von ca. 180 Kubikmeter.

Der Name:

Für die Deutung des Namens Eiche liegen wenigstens zwei Varianten vor. Zum einen verweist das Herkunftswörterbuch auf das ahd. Wort *eih,* mhd. *eich* (niederl. *eik,* engl. *oak* und schwed. *ek).* Nach anderer Lesart könnte Eiche von lat. *esca* (Speise) kommen und auf die frühere Bedeutung für die Schweinemast mit Eicheln verweisen.

Der lateinische Name *Quercus* findet sich erstmals literarisch belegt bei dem römischen Dichter Quintus Ennius. Der lat. Artname *robur* weist auf die Stärke des Holzes hin. *Robur* ist das lat. Wort für Kernholz, Eichenholz, aber auch für das Verlies im römischen Staatsgefängnis. Im übertragenen Sinne bedeutet es Kern(truppe), Stütze, Kraft.

Die Nutzung:

Hippokrates würdigte die Wirkung der Eiche als Heilmittel, Dioskurides ebenso. Hieronymus Bock schrieb: *Eichenlaub... inn Wein gesotten unnd getruncken stillet gewißlich alle bauchflüß, desgleichen der Weiber blödigkeit (Unpässlichkeit)... So jemand von einm gifftigen Thier oder Wurm gestochen were, der trincke gepülvert Eicheln....* Tabernaemontanus vermerkte: *Wer einen bösen stinkenden Athem hat, der nehme Eichenlaub, stoße es zu Pulver darvon nehme er alle Morgen nüchtern ein Quintlein mit Wein ein, so benimmt es das Ubelriechen. Wenn jemand ein gifftiges Kraut geessen hätte, der soll Eichenlaub in Wasser sieden und darnach mit Milch einnehmen, doch soll es geschehen, ehe dann das Gifft überhand nimmt.... Eichenlaub in Wasser und Essig gesotten und den Mund war damit gespühlet ist gut wider das Zahnwehe...*

Eichenrinde wird bei Durchfällen und zur Kräftigung des Darms eingesetzt. Bei Infektionen in Mund und Rachen wirkt sie gegen Entzündungen. Außerdem findet die Droge Anwendung bei Frostschäden an Händen und Füßen sowie als Umschlag bei entzündeten Augen.

In ur- und frühgeschichtlichen Siedlungen wurden geschälte Eicheln gefunden. Womöglich sollten sie für den menschlichen Verzehr genießbar gemacht werden. Solche Versuche wurden auch in Notzeiten unternommen. Die Eicheln mussten durch mehrmaliges Baden im Wasser von Gerbstoffen befreit werden. Sie dienten als Mehlersatz für Breie und Kuchen oder als Kaffee-Ersatz.

Eicheln sind reich an Kohlenhydraten und Proteinen und wurden zur Eichelmast genutzt. Man trieb die Schweine zur Weide in die Wälder, was noch heute in Spanien geschieht *(Jamón Ibérico de Bellota* oder Bellota-Schinken). Für Pferde und Rinder sind Eicheln und Eichenlaub giftig. Sie führen zur so genannten Eichelkrankheit mit den Symptomen Fressunlust, apathisches Verhalten, Schwäche, Verstopfung, blutiger Durchfall und blutiger Urin. Außerdem werden Rinder davon fett und ihre Milch ungenießbar.

Die Eiche liefert vorzügliches hartes Holz und wird unter anderem im Möbelbau verwendet. Aus dem hellen Splintholz werden Spankörbe gefertigt. Das Kernholz ist dauerhaft, auch im Wasser oder im Boden. Eisen wird durch die im Holz enthaltene Gallussäure angegriffen. Für den Haus- und Schiffbau eignen sich nur Bäume mit breiten Jahresringen, sie haben eine größere Härte.

Wegen des beißenden Rauches und weil es schwer entflammbar ist, eignet sich Eiche nicht als Brennholz im Haushalt, es wurde aber wegen des hohen Heizwertes zum Beheizen von Backöfen im Freien genutzt.

Die Legende:

Die erhabene, Kraft und Würde ausstrahlende Eiche wurde von alters her mit den wichtigsten Göttern in Verbindung gebracht. Sokrates schwörte „bei der Eiche". Eiche stand für Fürstentreue. Aus Eichenlaub war der Kranz, den Alexander der Große seinem Vater ins Grab gelegt hat. Erschien im römischen Theater ein mit dem Eichenkranz Ausgezeichneter, hatten sich alle zu erheben.

Sagen und Mythen sind reich an Geschichten von Eichen, die Behausungen oder heilige Stätten der verschiedensten Götter und Dämonen gewesen sein sollen. Wer sich an ihnen vergriff wie der thrakische Prinz Erysichthon, der eine heilige Eiche im Hain der Erdgöttin Demeter fällte, wurde mit unstillbarem Hunger gestraft, berichtet Ovid in den „Metamorphosen". Zeus antwortete im Orakel zu Dodona mit leisem Rascheln der Eichenblätter.

Die Germanen sahen in Eichen die Verkörperung der Großen Mutter und Nährerin, was im Zuge der Christianisierung auf Maria übertragen wurde. Bei den Kelten galt der Eichengott Duir als *mannhafter Wächter der Pforte,* der wie der römische Janus vorwärts und rückwärts blicken konnte. Deshalb wurden Türen und Tore auch aus Eichenholz gefertigt.

Kurt Bartsch überliefert einen alten Brauch: *Man fange das Regenwasser auf, welches sich im Wurzelstamm einer abgehauenen Eiche gesammelt hat, seihe es durch ein Tuch, gieße es in eine Flasche, setze diese der Sonne aus und wasche sich täglich dreimal mit dem Wasser, bis die Sommersprossen verschwinden.*

Johann Georg Theodor Grässe erzählt von einer Eiche bei Großbucha, *die einen Umfang von 27 Ellen* hatte und zu Beginn des 18. Jahrhunderts durch das Feuer eines Hirten stürzte. *Aus ihr sind 42 Klaftern Holz gemacht, so wie ein Kahn für 8 Personen geschnitzt worden.*

Sieben Nonnen wollten das Ivenacker Kloster bei Demmin verlassen und gingen einen Pakt mit dem Teufel ein. Er half ihnen bei der Flucht, verlangte aber, dass sie sich bis Stavenhagen nicht umdrehen durften. Sie taten es dennoch und wurden augenblicklich zu Eichen.

Als die französische Armee Mecklenburg besetzte, wollte Napoleon unbedingt den berühmten Hengst Herodot haben. Die Ivenacker versteckten ihn im hohlen Stamm einer Eiche – leider vergeblich. Auf dem Wiener Kongress war der Apfelschimmel Verhandlungsthema. Blücher soll sich für ihn verwendet haben. Halbseitig erblindet lebte Herodot nach der Rückkehr noch etwa zehn Jahre in Ivenack. Er wurde unter einer Eiche zwischen Stavenhagen und Ivenack begraben.

Erle

Die Pflanze:

Die Erlen *(Alnus)* bilden eine Pflanzengattung in der Familie der Birkengewächse *(Betulaceae)*. In Mitteleuropa sind die Grün-, Grau- und Schwarzerle *(Alnus glutinosa)* heimisch. Die Blütenstände werden Kätzchen genannt. In ihnen sitzen jeweils nur weibliche oder männliche Blüten. Die weiblichen Kätzchen verholzen und werden als Zapfen bezeichnet. Die Schwarzerle bildet eine tiefrissige, grau-schwarze Borke aus.

Weltweit existieren etwa 35 Erlen-Arten. Sie sind mit Ausnahme der Andenerle auf der Nordhalbkugel in Europa, Asien und Nordamerika verbreitet. Erlen gedeihen bevorzugt an Bachläufen, an Ufern von Seen und an Flüssen. Sie bilden oft einen Uferschutz gegen Ausspülung und gelten als ökologisch wertvoll. Ihre Blätter bieten zahlreichen Falter- und Schmetterlingsarten Lebensraum und Nahrung.

Erlen, die durch Wind bestäubt und deren Früchte durch ihn verbreitet werden, können ein Alter von 120 Jahren und eine Stammdicke von 50 bis 80 Zentimeter erreichen.

Der Name:

Der Name Erle ist durch Umstellung aus dem älteren *erila* in *elira* (daher auch die norddt. Bezeichnung Eller) entstanden. Die Bezeichnung Schwarzerle geht auf die Verwendung der Rinde zum Schwarzfärben von Leder und die der Zapfen zur Herstellung von Tinte zurück.

Der wissenschaftliche Name *Alnus* ist direkt aus der lat. Sprache übernommen. Er wurde 1754 als Gattungsname von Philipp Miller eingeführt. Die Beifügung *glutinosa* bedeutet leimartig. Die klebrigen jungen Triebe wurden früher gegen die Mückenplage in den Häusern aufgehängt.

Die Nutzung:

Erlen haben die Fähigkeit, mit ihren Wurzeln dank eines ausgeprägten inneren Belüftungssystems sogar bei Hochwasser lange unter Wasser aushalten zu können. Selbst das tote Holz ist gegen Wasser resistent. Venedig ist zu einem erheblichen Teil auf Erlenpfählen gebaut.

Erlenholz wird in der Möbelindustrie, als Sperrholz und zur Herstellung von Bleistiften verwendet. Es ist leicht, weiß bis blass rötlich-gelb, fest, wenig elastisch und reißfest. Es ist sehr gut beizbar, weil es wenig fettet, und wurde früher zur Imitation von Edelhölzern benutzt (Mahagoni).

Erlenholz wird mit den Jahren schwarz und immer härter, deshalb fand es auch im Schiffbau und beim Bau von Wasserröhren Verwendung, zumal es unter Wasser nahezu unbeschränkt haltbar ist.

Nach Hieronymus Bock soll Erlenlaub gegen Flohplage helfen, indem man es im Zimmer ausstreut, woran die Plagegeister festkleben und dann mit dem Laub entfernt werden können.

Die Legende:

Erlen spielen im Volksglauben und in den Mythen eine wichtige Rolle. Dabei gelten sie häufig als Bäume der bösen Geister, weil sie an „menschenverschlingenden" Mooren und Flüssen wachsen und weil unter ihren Wurzeln Kröten und Schlangen hausen. Hexen benutzten Erlenholz zum Wettermachen.

Die rötliche Verfärbung des frisch geschlagenen Holzes galt als sichtbarer Hinweis auf Hexen und Teufel. Diese Verfärbung kam deshalb zustande, weil der Teufel seine Großmutter mit Erlenholz verprügelt habe. Selbst der Boden, auf dem Erlen wuchsen, war verdächtig. *Rotes Haar und Erlenloden wachsen nicht auf gutem Boden,* wusste der Volksmund. Im Volksglauben sind Erlen schuld an Fieber, Zahnweh und Warzen. Von den Druiden ist bekannt, dass sie ihre Menschenopfer im erlenumsäumten Moor versenkten.

Die Redewendung, *einen Stab über jemanden brechen,* geht auf die germanische Rechtsprechung zurück. Über dem Kopf eines Ausgestoßenen wurden Erlenstäbe zerbrochen und die Stücke in verschiedene Richtungen geworfen. In der altfränkischen *Lex salica* wird verfügt, dass vier Erlenstäbe zerbrochen und auseinandergeworfen werden, wenn ein Sippenmitglied die Sippe verließ. Die roten Enden des zerbrochenen Holzes symbolisierten den Schmerz der Trennung und die Verbundenheit.

Aber die Erle war nicht nur für Unglück zuständig. Um Haus und Hof vor Feuer zu schützen, wurden am Karfreitag gebrochene Erlenzweige zu Kränzen geflochten. Gab man einer Kuh neun Erlenzapfen ins Futter, wollte man ihr den Geburtsvorgang erleichtern. Außerdem könne man Spatzen, Mäuse und Maulwürfe von den Äckern vertreiben, wenn man am Karfreitag gebrochene Erlenzweige bei der Aussaat ins Erdreich stecke.

Noch Ende des 19. Jahrhunderts trugen die thüringischen Bauern am Karfreitag Erlenzweige ins Haus, um daraus Kreuze und Kränze zu binden. Das Saatgetreide wurde durch solche Kränze geschüttet, um es vor Vogel- und Mäusefraß zu sichern. Der Karfreitag galt insofern als der wichtige Stichtag, weil mit ihm die Kreuzigung verbunden war.

In der Schweiz steckte man Erlenzweige in den Boden, um den Mehltau auszutreiben. Der letzte Erntewagen in Hessen und Nassau erhielt einen Erlenzweig, um die Ernte insgesamt zu schützen. In Finnland band man drei Erlenzweige mit einem roten Faden zusammen, um gegen den bösen Blick gefeit zu sein.

Früh erscheinende Blütenkätzchen spielten eine Rolle im Fruchtbarkeitszauber. Als Aphrodisiakum sollte man zum Beispiel in Württemberg *neun Erlenköpf* mit frischem Brot geben – oder in Böhmen *ein Pulver von Erlenbretzln.* Nachgewiesen sei die Wirkung aber besonders bei Kühen, hieß es. Dazu weiß das Grimmsche Wörterbuch die Verse: *nu aber bin ich auch ein kerl, / der was im dorfe gilt, / gewachsen wie im busch die erl, / rasch wie im busch das wild.*

In der Volksmedizin findet ein Absud aus Erlenrinde als Gurgelwasser Verwendung bei Fieber, Geschwüren, Halsschmerzen, Entzündungen der Mundschleimhaut und des Zahnfleisches.

Mörser aus Erlenholz wurden mit Quirlen aus Esche bearbeitet, um Feuer zu erzeugen. Daraus entwickelte sich die Vorstellung vom Begattungsakt, wobei die Erle das Urweib und die Esche den Urmann symbolisierte, der von den Göttern Odin, Lodur und Hönir erschaffen wurde.

Jacob Grimm zitiert die Volksweisheit: *Wenn die Erlen spitzen wie die Mäuseöhrlein, säe Gerste, wenn ihre Triebe sind wie die Sauohren, ist es zu spät.*

Auch in der griechischen Mythologie begegnet man der Erle häufig. Die von Homer beschriebene Todesinsel Aia, wo die Zauberin Kirke (lat. Circe) lebte, ist von Erlen umgeben. Bei der Grotte der Kalypso, die Odysseus sieben Jahre zurückhielt, ehe sie ihn auf Geheiß der Götter wieder ziehen lassen musste, steht eine Erle. In der „Aeneis“ des Vergil betrauerten die Heliaden, die Töchter des Sonnengottes Helios, den Tod ihres Bruders Phaeton solange, bis sie von Göttervater Zeus, der sich das Klagegeschrei nicht mehr anhören wollte, in ein Erlengestrüpp verwandelt wurden.

In Adalbert Kuhns Sagensammlung finden wir einen Hinweis auf Brauchtum und Magie, der sich mit der Erle verbindet: *In der juffernkûle bei Ehringhausen (unweit Halver) sieht man bald eine weiße Junfer unter einer dicken Erle spinnend, bald zwei, welche den nächtlichen Wanderer zwingen, mit ihnen um die Erle zu tanzen.*

Goethes berühmter Ballade vom Erlkönig liegt allerdings ein fataler Übersetzungsfehler Herders zugrunde. Der übertrug das dänische Wort *Ellerkonge* (= Elfenkönig) ins Deutsche fälschlicherweise als Erlkönig – was nichts an der Schönheit der Ballade ändert.

Esche

Die Pflanze:

Die in Europa heimische Hohe Esche *(Fraxinus excelsior)* gehört zur Familie der Ölbaumgewächse *(Oleaceae)* und zählt mit einer Wuchshöhe von 40 Metern zu den höchsten Laubbäumen Europas. Sie wächst sowohl auf feuchten Standorten als auch auf solchen mit zeitweiligen Trockenperioden, kann bis zu 250 Jahre alt werden und eine Stammdicke von einem Meter erreichen.

Die Borke der jungen Bäume ist grünlich bis glänzend grau mit wenigen Korkporen. Erst nach 15 bis 40 Jahren setzt die Verkorkung ein. Die Rinde ist dick und reich an Festigungsgewebe, Bastfasern fehlen allerdings.

Die Knospen sind zum Schutz vor Frost und Verdunstung mit dichten, schwarzen und filzigen Haaren besetzt. Die Ende Juli fertig angelegten Blütenknospen sind stumpfer und kugeliger als andere Knospen. Sie ist neben der Eberesche einer der wenigen einheimischen Bäume mit gefiederten Blättern.

Als Früchte werden Nussfrüchte an dünnen Stielen gebildet. Sie reifen von Oktober bis November und fallen während des Winters ab. *Diese Frucht wird ornithoglossa genennet,* schreibt das Zedlersche Lexikon und leitet das Wort von griech. *ornis* (= Vogel) und *glōssa* (= Zunge) ab, womit *Vogel-Zunge* gemeint sei. Als Schraubenflieger erreichen sie Entfernungen bis zu 125 Metern.

Der Name:

Der Name Esche ist aus dem mhd. *asch, esche,* ahd. *asc* entstanden, wobei die nhd. Form *esche* der umgelautete Plural vom mhd. *asch* ist, erklärt das Herkunftswörterbuch. Das Grimmsche Wörterbuch beschreibt Esche als die weibliche Bildung des ursprünglich männlichen Asch. Andere gebräuchliche Namen für Esche sind Asche, Geisbaum, Oesch oder Wundbaum. Esche steht in alten Texten auch für den eschenen Speer: *Rasch ihm folgte sein Volk mit rückwärts fliegendem Haupthaar, / Schwinger des Speeres, und begierig mit ausgestreckter Esche / Krachend des Panzers Erz an feindlicher Brust zu zerschmettern,* lesen wir in Homers „Ilias“.

Die Deutung des wissenschaftlichen Namens *Fraxinus* lässt mehrere Möglichkeiten zu. Es könnte aus dem indogermanischen Wort *bherag* (das ist die Birke) entstanden sein, aber auch aus dem lat. Verb *frangere* (brechen) wegen des splitternden, brüchigen Holzes. Oder es ist vom griechischen Wort *phrasso* (umzäunen) abgeleitet, weil die jungen Stämme häufig als Zaunpfähle dienten.

Die Beifügung *excelsior* ist eine Steigerungsform von lat. *excelsus* (also hochragender, erhabener) und meint die überragende Höhe des Baumes.

Die Nutzung:

Das Holz der Esche wurde in der Wagnerei und Tischlerei zu Radreifen, Schlittenkufen, Achsen, Deichseln, Rudern, Schneeschuhen, Ackergeräten, Gerätestielen, Möbeln, Musikinstrumenten und Turngeräten verarbeitet. Auch Bögen und Speere sind aus Esche hergestellt worden. Sogar die Pfeile des römischen Liebesgottes Amor sollen aus Eschenholz gewesen sein. Eschene Lanzen beschreibt Hesiod im 7. Jh. vor Christus als Bewaffnung des „dritten Menschengeschlechts", wie er die Krieger nennt. Achilles soll den trojanischen Helden Hektor mit einem Eschenspeer besiegt haben.

Inhaltsstoffe der Esche sind Fraxin, Fraxidin, ätherisches Öl, Bitterstoffe, Flavonoide, Gerbstoff, Gerbsäure, Glykoside und Cumarine. Die Blätter und Samen haben vielfältige Heilwirkungen. Sie stärken den Stoffwechsel, und lindern rheumatische Erkrankungen, senken den Blutzuckerspiegel und stärken das Herz. Tee aus Eschenblättern ist blutreinigend und wassertreibend.

Hildegard von Bingen ließ von Eschenblättern ein magenfreundliches Bier brauen und sie beschrieb die Zubereitung des harntreibenden Tees. Konrad von Megenberg empfiehlt die Asche der Rinde zur Behandlung von Knochenbrüchen. Hieronymus Bock verwendete das Destillat der Eschenrinde bei Gelbsucht und Steinleiden, Tee aus Eschenfrüchten als harntreibendes Mittel und schrieb: *Viele lehren, wann man Eschenlaub zerstößt und etliche Zeit den Saft mit Wein trinkt, das soll die feinen Leute mager machen. Ich hab's nicht versucht, dürfte wohl, dass ich das Gegenteil bräuchte.*

Matthiolus nennt Rindenasche der Esche als Heilmittel. Hufeland empfiehlt Teeaufgüsse aus Rinde und Blättern bei Muskelrheuma und Gicht. Weniger bekannt ist die blutstillende Anwendung als Wundholz, indem man Schnittwunden mit frischen Eschenrindenstreifen verbindet. Eschenlaub in Schuhe gelegt, soll dem Ermüden der Füßen vorbeugen.

Eschenlaub wurde im Sommer geschnitten und getrocknet als Viehfutter. In den Alpen füttert man vor allem kranke Tiere mit Eschenblättern.

Die Legende:

In der Literatur spielt die Esche keine besondere Rolle, wohl aber in den alten Mythen und Bauernregeln: *Grünt die Eiche vor der Esche, gibt's im Sommer große Wäsche. Treibt die Esche vor der Eiche, bringt der Sommer große Bleiche.*

Berühmt wurde die Esche vor allem durch die Edda. Mit ihren Wurzeln durchdringt die Weltenesche Yggdrasil die unterschiedlichen Welten. Eine führt in die Unterwelt Niflheim, die zweite in die Götterstadt Asgard und die dritte ins Riesenland Jotunheim. Die drei Nornen bewässern die Wurzeln und lenken das Schicksal der Menschen. Die Zweige der Weltenesche Yggdrasil reichen über den ganzen Himmel und erstrecken sich über die gesamte Welt. Unter den Wurzeln entspringen Quellen, deren eine, die Quelle Mimirs, Weisheit und Wissen verleiht. Odin verpfändete eines seiner Augen, um von der Quelle zu trinken. Unter einer anderen Wurzel liegt die Quelle Hvergelmir. Von ihr werden alle Flüsse gespeist. Jeden Tag kommen die Götter über den Regenbogen zum Weltenbaum und halten Gericht.

Joan Aiken dichtet in ihrem Poem „The Weeping Ash“: *O weiser Baum, / oh, schenke mir ein Stück Unsterblichkeit, / gib preis der Väter Gut Aus Eis und Feuer; / gönne mir das Glück, Welt zu erschaffen, wo noch alles ruht.*

Die Germanen kannten die Ask, die männliche Esche, und Embla, die weibliche Erle (oder Ulme), als die von den Göttern geformten ersten Menschen. Überall in Nordeuropa war sie geheiligt. Wer zwei Eschen fällte, war des Todes und wurde hingerichtet. Später wurde das Urteil auf die Herausgabe von zwei Kühen gemildert.

In Schottland hängte man einen Eschenzweig über das Bett, um die Ehe zu schützen. Die Römer verehrten in dem Baum das Symbol einer glücklichen Ehe und der ehelichen Freuden.

Gegen Vampire benötigte man einen Holzpflock aus Esche, um ihn durchs Herz des Blutsaugers zu stoßen.

Aus Hexenprozessen kennen wir die Anschuldigung, dass die angeklagten Frauen am Ufer sitzend solange mit Eschenruten ins Wasser schlugen, bis mächtige Wellen entstanden und sich große Wolken bildeten, mit denen sie dann auf einem Eschenstiel reitend aufgefahren seien.

Vom Samen der Esche, der in den Apotheken früher unter der Bezeichnung *Lingua avis* (Vogelzunge) geführt wurde, wird bei Zedler behauptet, dass er *die Lust zum Beyschlaf erwecke. Denn er vermehret den männlichen Saamen, und sein ganzes Wesen ist fähig die Venus-Lust zu erregen.*

Eine alte Bauernregel besagt: *Wenn die Eiche vor der Esche grün wird, gibt es einen trockenen Sommer; wird aber die Esche früher grün, einen nassen.*

Gottfried Keller schreibt in seinem Gedicht „Am fließenden Wasser“:

Und die Esche beugt sich drüber,
Schaut in Ruh das holde Treiben,
Denkt: Ihr Lieben, zieht vorüber,
Ich will grünen hier und bleiben!

Espe (Zitterpappel)

Die Pflanze:

Die Espe *(Populus tremula)*, auch Zitterpappel genannt, ist ein Laubbaum aus der Gattung Pappeln *(Populus)*, die in Westasien, Nordafrika und in Europa beheimatet ist. Neben ihr findet man noch die Schwarzpappel *(Populus nigra)* und die Silberpappel *(Populus alba)*. Wegen ihrer hohen Lichtbedürftigkeit trifft man sie häufig auf Kahlschlagflächen an. Espen bevorzugen lockere, humusreiche, frische bis feuchte, nährstoff- und basenreiche Sand-Lehm- und Lössböden. Schattige Wuchsplätze meidet die Lichtbaumart.

Espen erreichen eine Höhe von 20 bis 35 Metern und können selten älter als 100 Jahre werden. Sie bilden zunächst eine Pfahlwurzel aus und entwickeln später kräftige Hauptseitenwurzeln. Ihre Rinde ist anfangs sehr glatt gelbbraun und mit großen, rautenförmigen Korkwarzen versehen. Ältere Bäume nehmen eine dunkelgraue Färbung an und bilden Längsrisse aus. Die rundlichen Blätter mit ihrem langen Stiel bewegen sich schon bei geringem Wind (daher Zitterpappel) und erzeugen ein leicht metallisch klingendes Geräusch. Dank dieser Beweglichkeit und der reflektierenden Blätter vergrößert der Baum die aufzunehmende Lichtmenge, was die zum Wachstum erforderlichen Kohlenhydrate vermehrt.

Männliche Bäume haben sehr viele dicke und graubraune Kätzchen, die Mitte März beim Stäuben gelblich, später braun werden. Sie fallen nach dem Abblühen schnell ab. Weibliche Bäume tragen grüne, vier mal 0,5 Zentimeter große Kätzchen mit rötlichen Tragblättern und grauen Haaren, die bis Mitte Mai weißwollig werden und vom Wind getragen davonfliegen. Die Früchte reifen ab Mitte Mai in Formen zu schlanken, zweiklappigen Kapseln mit darin enthaltenen kleinen Nüsschen als Samen mit weißwolligen Haaren.

Der Name:

Der altgermanische Name Espe, mhd. *aspe*, ahd. *aspa*, entwickelte sich aus dem indogermanischen Wort *apsa* durch eine Lautumstellung *-ps* zu *-sp*. Die Form mit *e* geht auf das umgelautete Adjektiv *espen* (mhd. *espīn)* zurück. Das Grimmsche Wörterbuch formuliert so: *den umlaut musz entweder ein zwischentretendes i (aspia, espia) oder ein neutrum espi herbeigeführt haben.*

Die Espe hat im deutschsprachigen Raum zahlreiche andere Namen wie z.B. in Kärnten: Agspalter, Agspelter, Aspolter. Wegen des ständigen leisen

Zitterns heißt der Baum u.a. Bäweeske, Bäwerke, Bäfeske (Ostfriesland, von „beben"), Flauderespe (Elsass), Fliddereschen, Flitter, Flittern (österreich. für flattern), Flitterbarke, Flittereske, Flitterpoppel (nordwestliches Deutschland), Fluttermai, Fluderesch (Ostpommern), Klapperpoppel (Bremen), Papierholz, Zitterasp (Rauhe Alb), Zitter, Zitterle oder Zittroch.

Die Herkunft des wissenschaftlichen Namens *Populus*, wie die Pappel bei den Römern hieß, ist etymologisch unsicher. Eventuell kommt das Wort vom griechischen *paipállmai* (zittern, zappeln) und bezieht sich auf die ständige Bewegung der Blätter. Die Beifügung *tremula* gehört zu lat. *tremere* (zittern).

Die Nutzung:

Pappelholz wird zu preiswerten und leichten Sperrholzplatten, Tischtennisschlägern, Zahnstochern, Streichhölzern und vielen anderen Produkten verarbeitet. Außerdem wird daraus Papier gemacht (siehe Papierholz) und es findet als Biomasse zur Energieproduktion Verwendung.

In Mittel-, Ost- und Nordeuropa wird die Espe häufig als Forstbaum angepflanzt, weil sie ein vortreffliches Pioniergehölz ist. Zudem wird sie als Vorwald, Füllholz und Hilfsbaumart gepflanzt. Die nährstoffreiche Laubspreu der Espe zersetzt sich leicht und verfügt über gute bodenverbessernde Eigenschaften.

Die Zitterpappel enthält Salicylsäureverbindungen, die schmerzstillend, entzündungshemmend und fiebersenkend wirken. Verwendet werden die Rinde, die Blätter und die Triebspitzen.

Die Legende:

Der Kalender der Kelten verzeichnete 360 Tage und fünf Zusatztage. Einen davon vertrat die Espe *(eadha)*, die auch für den Buchstaben E stand. Zur Abmessung des Sarges aus Espenholz maßen irische Sargtischler den Leichnam mit einem „fe"-Maßstab, zitiert Clemens Zerling.

Schon in den alten griechischen Mythen spielten Espen eine Rolle. Sie wuchsen in der Unterwelt und auf Gräbern, *Auferstehung, ewiges Leben und den Frieden im elysischen Gefilde* versprechend.

In der „Aeneis" erzählt der Dichter Vergil von flatterndem Espenlaub, mit dem Herakles (Herkules) sein Haupt schmückte, nachdem er den dreiköpfigen Riesen Kakos in einer Höhle des Aventinberges in Rom besiegt hatte:

Auf denn, Jünglinge, kränzt zum Lohn so rühmlicher Taten / Froh mit Laub euer Haar und erhebt den Pokal mit der Rechten, / Ruft den gemeinsamen Gott, bringt freudig die Spende des Weines! / Und wie er sprach umhüllte sein Haar ihm Herkules' Pappel / Mit zweifarbigem Laub in schattiger Blätter Verschlingung.

Die unterschiedlichsten Sagen und Mythen verwoben sich mehr und mehr. Das von zahlreichen Autoren und vom Volksmund zitierte Bild der raschelnden Espenblätter ist längst zu einem geflügelten Wort geworden. *das mädchen zitterte wie eine espe; wollten den blettern der espen, so umbher stunden, an zittern nichts bevor geben,* steht bei Ludwig Opitz. *seufzender zittert auch itzt der traurige nächtliche zephyr / durch die schlanken espen am bach, ein heiliges grauen / wandelt mir aus dem innersten haine sanft lispelnd entgegen,* reimt Justus Friedrich Wilhelm Zachariä in den „Tageszeiten".

Ludwig Christoph Heinrich Hölty dichtete in seinem „Mailied":

menget lieder ins getöne,
das die morgenglocke tönt,
ins geschwirr der espenblätter,
und erweckt den wiederklang.

Die einen glaubten im Rascheln der Blätter ein göttliches Orakel zu hören, anderen war es ein Hilferuf aus der Krone des Baumes. Abschiedsschmerz, Totenklage, irrationale Angst – viel gedeutet und vieldeutig ist das Blättergeflüster. *von jenen todtenhügeln, / auf dem die espe bebt, / stürzt sich auf schwarzen flügeln / ein finstres rabenheer auf mich,* bemüht Christian Felix Weiße den Espenvergleich.

Nach einer alten Sage zittern die Blätter der Espe deswegen, weil diese sich, als Christus am Kreuze hing, nicht wie die anderen Bäume neigte und daher von Gott verflucht wurde.

Johann Gottfried Bürger spottet fröhlich: *Ein Sprichwort, das ich glaube,/ sagt: Weiberzung hat nimmer Ruh, / sie ist von Espenlaube.*

Der Münchner Physiker Oskar Bschorr scheint eine Erklärung für das Luthersche „pampeln und schweben" gefunden zu haben. Nach Messungen der Schwingungs-Frequenz und Amplitude kam er zu dem Schluss, dass es sich im Espenfall *formal um dasselbe Problem handelt wie bei dem gefürchteten Flattern von Flugzeugflügeln.* Die Luftströmung wird in Schwingungsenergie verwandelt und so *das Flattern durch eine Rückkopplung zwischen Translations- und Rotationsschwingung* erzeugt. Dank dieser „Fähigkeit" wird die Abgabe von Wasserdampf und die Aufnahme von Kohlendioxid pro Blatt deutlich verbessert, das heißt, der Baum kommt mit weniger Blattmasse aus. Diesen „Trick" beherrschen, wenn auch nicht ganz so ausgeprägt, auch Birke und Ahorn.

(Königs-)Farn

Die Pflanze:

Abdruck eines Farnwedels aus dem Karbon.

Echte Farne *(Polypodiopsida, Filicopsida)* sind eine Klasse innerhalb der Farne. Sie umfasst die leptosporangiaten (die Wand des reifen Sporangiums besteht nur aus einer Zellschicht) Farne, während die früher als eusporangiat bezeichneten Farne heute in die Klassen *Marattiopsida* und *Psilotopsida* gestellt werden. Während des Karbons vor etwa 400 Millionen Jahren bildeten baumhohe Farne zusammen mit Schachtelhalmen und Bärlapppflanzen riesige Wälder. Die ältesten Funde stammen aus dem unteren Devon.

Die Farne haben eine besondere Form der Gefäßbündel: Die ersten sich bildenden Leitgefäße sind auf bestimmte Lappen des Xylemstrangs (griech. *xylem* = Holz) wie Perlenketten beschränkt. Daher kommt auch der Name *Monilophyta*, denn das lat. *moniliformis* bedeutet halsbandförmig.

Farne sind weltweit verbreitet. Sie gedeihen mit Ausnahme weniger lichtliebender Arten fast ausschließlich an schattigen und feuchten Plätzen im Wald, an Bachufern oder in Schluchten. Verbreitungsschwerpunkt sind die Tropen, wo man im Regenwald auch Baumfarne findet. Es gibt rund 12.000 Arten, von denen in Mitteleuropa etwa 200 beheimatet sind.

Der Königsfarn *(Osmunda regalis)* gehört als einziger mitteleuropäischer Vertreter mit seinen ca. zehn bis 15 Arten in die Familie der Königsfarngewächse *(Osmundaceae)*. Er kann bis zu zwei Meter hoch werden. Aus dem Rhizom entwickeln sich mehrere langgestielte, aufrechte Wedelblätter. Im Gegensatz zu anderen Arten hat er die Sporenträger nicht auf der Unterseite der Blätter, sondern im oberen Bereich der Wedelblätter. Die Sporenreife erreicht der Königsfarn in den Monaten Juni und Juli. Im Herbst sterben die oberirdischen Pflanzenteile ab.

Die Art ist aufgrund von Bestandsrückgängen als eine Folge von Biotopzerstörung „stark gefährdet“ und steht unter Naturschutz.

Der Name:

Das deutsche Wort Farn geht zurück auf das gleichlautende ahd. *farn.* Es ist verwandt mit dem altindischen *parná* (= Flügel, Feder, Blatt). Die Pflanze ist mithin nach ihren federartigen Blättern benannt worden.

Bei Tabernaemontanus und bei Diefenbach finden sich *farm, farn* und *pharn* nebeneinander. Bei Parzival steht *ramschoup unde varm.*

Das Grimmsche Wörterbuch verweist auf griech. *pterhis* (= Farnkraut) und das poetische *pterhinos* (= von Federn gemacht), *weil die blätter gefiedert, mit feinen fasern bedeckt sind.*

Der Name des Goethe-Freundes Varnhagen (Farn-Flur) von Ense dürfte mit Bezug auf „Farn" seine Erklärung finden.

Der wissenschaftliche Name *Osmunda* geht auf Osmund, den altsächsischen Namen Donars zurück. Das Epitheton *regalis* bedeutet königlich (lat. *rex* = König). Der Königsfarn war Donar geweiht.

Die Nutzung:

Das bekannteste Einsatzgebiet des leicht giftigen Farns in der Heilkunde ist die Bekämpfung von Würmern, sowie in Umschlägen gegen Gicht und Rheuma. Als Signaturpflanze für den Rücken wurde er auch bei Rückenschmerzen verordnet. Eine äußerliche Anwendung bei Rheuma, Krämpfen und anderen Schmerzen wird als unproblematisch beschrieben. In der Homöopathie werden Farnextrakte bei Migräne verordnet.

Bei Schnupfen, Husten, Heiserkeit, Katarrh, chronischer Entzündung der Nebenhöhlen, trockenem Keuchhusten, Pseudokrupp, Auswurf und Ausfluss wird Rainfarnpulver empfohlen. Hildegard von Bingen rät: *Wer Schnupfen hat und hustet, esse Rainfarn (ohne Blüten) in Suppen, Kuchen, Fleischgerichten oder auf irgendeine Weise. Wer dürren, trockenen Husten hat, bereite sich aus Feinmehl und Rainfarn eine Suppe und esse sie oft.*

Alle Farne sind giftig, wobei der Adlerfarn wohl der giftigste ist. Seine Sporen sollten nicht eingeatmet werden, weil das darin enthaltene hochgiftige Enzym Thiaminase vermutlich das Knochenmark angreift und wohl krebserregend ist. Die grünen Blätter des Adlerfarns sind für Weidetiere sehr giftig. Ein halbes Kilo Adlerfarn kann für ein ausgewachsenes Rind tödlich sein. Dennoch gilt junger Adlerfarn, der noch keine Sporen ausgebildet hat, in Japan, Neuseeland oder auch den USA als Delikatesse und wird als Wildsalat oder gekochtes Blattgemüse gegessen.

Wurmfarne *(Dryopteris)* wurden früher als Heilpflanzen gegen Bandwürmer eingesetzt. Aufgrund der schwierigen Dosierbarkeit verliefen einige Wurmkuren allerdings tödlich.

Die Legende:

Der Umstand, dass die Sporenpflanzen weder Blüten noch Früchte haben, gab unseren Altvorderen Anlass zu reichlichen Spekulationen. Er solle in der

Johannisnacht, und zwar genau um Mitternacht, eine goldene Blüte hervorbringen und dann auch sogleich den Samen abwerfen, der den Träger stich- und kugelfest und unsichtbar mache. Mit seiner Hilfe könne man verborgene Schätze entdecken und die Sprache der Tiere verstehen. Außerdem wäre er für allerhand Liebeszauber gut.

In den mittelalterlichen Kräutergärten wurde häufig Farn angepflanzt, um böse Geister und Dämonen fernzuhalten. Wer Farn bei sich trug, war gegen Anschläge auf Leib und Leben sicher, deshalb nähte man sich Farnblätter in Jacken ein. *Wir gehen unsichtbar, denn wir haben Farnsamen bekommen,* heißt es in Shakespeares „Heinrich IV.".

Man hängte Farnkrautbüschel auch als Glücksbringer über die Türen. Im Geldbeutel sollten die Samen dafür sorgen, dass dieser nie leer würde und zu Wohlstand und Reichtum verhelfe.

Dass sich im Farnkraut oft Feen und Pixies (Kobolde) verstecken, glaubte man in England. Es sei nicht ratsam, unbedarft durch Farn zu laufen und dabei vielleicht auch noch über Geheimnisse zu reden, denn die würden die Unholde sofort weitersagen.

Wer im Wald auf einen Farn trat oder wem Farnsamen in die Schuhe fiel, der würde die Orientierung verlieren und sich im Wald verirren. Diesem Mythos verdankte der Wurmfarn seinen Beinamen Irrkraut oder Irrwurz.

Bayerns Herzog Maximilian I. erließ 1611 das „Landgebot wider den Aberglaube", das das Einsammeln von Farnsamen unter Strafe stellte. Ein ähnliches Verbot erließ ein Jahr später das Konzil von Ferra, um dem Aberglauben Einhalt zu gebieten.

Ludwig Bechsteins Erzählung „Die Farrensamenholer" hebt so an: *Wie in Thüringen der Farn- oder Farrenkrautsame für magisch hülfreich, seine Gewinnung aber, wem sie nicht durch unversehenen Glücks- und Zufall wird wie dem Mann zu Berka an der Werra, für seelengefährlich gilt, so auch in Schwaben. Die Gewinnung ist immer nur durch Teufelsbeihülfe möglich, und es ist eine sehr schwere Sache damit. Nicht beten, in keine Kirche gehen, keinem Weihkessel nahen, auf Kreuzwege treten und die Erscheinungen Verstorbener festen Mutes anschauen, ihnen nicht Rede stehen, über Teufelsfratzen nicht lachen, sollten sie auch so lächerlich sein, wie die, als eine Hexe, die zum Wuodesheer zu spät kam, nackt auf den Kopf gestellt wurde und nun mit auf sie gesteckten Lichtern leuchten mußte – das sind die schweren Proben, die bei der Farrensamengewinnung bestanden werden müssen. Sind sie bestanden, so kommt der grüne Jäger, als welches kein anderer ist denn der Teufel, und bringt ein Tütchen voll Farnsamen, nicht so viel, als in eine Schachtel voll Schneeberger Schnupftabak geht, das trägt der Farrensamenholer dann stets bei sich.*

Faulbaum

Die Pflanze:

Der Faulbaum *(Frangula alnus)* ist eine heimische Strauchart aus der Familie der Kreuzdorngewächse *(Rhamnaceae),* die in weiten Teilen Europas und auch Asiens anzutreffen ist, allerdings nicht im Süden des Balkans, nicht auf Sizilien, Sardinien und Korsika und ebenso wenig in den südöstlichen Teilen der Iberischen Halbinsel. Der Faulbaum kommt auch nicht in den nördlichen Teilen Skandinaviens und in Schottland vor. In Irland ist er selten, in England und Wales dagegen häufig. Im Osten reicht das Verbreitungsgebiet bis zum Ural und bis Westsibirien. Einzelne Vorkommen gibt es im Kaukasus und in Anatolien sowie in Marokko. In Nordamerika wurde der Faulbaum eingebürgert.

Nach einer anderen Systematik wird er als *Rhamnus frangula* der Gattung *Rhamnus* zugeordnet. Der mehrstämmige, unregelmäßig verzweigte Strauch wird bis zu drei Meter hoch. In seltenen Fällen kann er aber eine Höhe von acht Metern erreichen. Auf nassen Böden wächst er oft vielstämmig.

Die anfangs rötlich-gelben Wurzeln färben sich später rot. Bei Trocknung werden sie rotbraun. Das Splintholz hat eine gelblich-weiße, das Kernholz eine gelb-rote bis rote Färbung. Eine Borke wird nicht ausgebildet.

Die sich im Herbst gelb färbenden Blätter werden 40 bis 70 Millimeter lang und 25 bis 50 Millimetern breit. Der Strauch hat kleine, unscheinbare Blüten von sechs bis zwölf Millimeter. Die Blütezeit des durch Bienen, Hummeln, Schlupfwespen und Käfer bestäubten Faulbaums reicht von Ende Mai/Anfang Juni bis September. Es werden kugelige Steinfrüchte mit zwei bis drei Kernen ausgebildet, die erst grün, ab Juli rot und zur Reife ab Mitte August schwarz werden.

Der Name:

Der Faulbaum hat seinen Namen wegen des Fäulnisgeruchs der Rinde. Das adjektivisch als übelriechend gebrauchte „faul“ steht mit indogerm. *pū* in Verbindung, dem laut Herkunftswörterbuch ein lautmalerisches „pu“ oder „pfui“ zugrundeliegt.

Volkstümliche Namen sind u.a.: Amselbaum, Bauchberste, Brechwegdorn, Buckbeere, Buckstrauch, Buckthorn, Buukkasten (weil die Beeren Bauchschmerzen hervorrufen können), Chrottebeeri, Chrotteholz, Chrottestude (Schweiz), Elsebaum, Faulkersch, Faulkirsche (Innsbruck), Fulberi (Züricher Oberland), Fulboom und Fultholt (niederdt.), Fulholz (St. Gallen), Gelbholz, Gichtholt (Mecklenburg), Gichtholz, Glatter

Wegdorn, Grindholz (Rinde als Waschmittel bei Krätze), Hexendorn, Hundsbäumes (Schwäbische Alb), Hundsber (in Bayern und Österreich), Hundsbeere, Läusebaum, Mausbaum, Pfifäholz (St. Gallen), Pfyfferholz, Pulverholz, Purgierbeere, Scheißbeere (in verschiedenen Gebieten Deutschlands), Schusterholz, Spargelbaum, Scharzhasel, Spillbaum, Sprickel, Stinkbaum (Westfalen), Stinkbeere, Stinkboom, Stinker, Stinkstrauch, Stinkwide (Aargau), Teufelsbeere, Vogelbeere (den Vögeln überlassen), Zapfenholz oder Zappeholz (Nahegebiet), Zweckenbaum und Zweckenholz.

Der wissenschaftliche Gattungsname *Frangula* weist auf das brüchige (lat. *frango* = ich zerbreche) Holz hin. Der Artname *alnus* bezieht sich auf die Ähnlichkeit mit den Blättern der Erle (lat. *alnus)*.

Die Nutzung:

Inhaltsstoffe des Faulbaums sind u.a.: Anthrachinone, Bitterstoffe, Gerbstoffe, Glukofranguline, Glykoside und Saponine. Der Verzehr größerer Mengen unreifer Beeren, der Blätter oder der frischen Rinde führt zu Magen- und Darmbeschwerden mit z.T. blutigen Durchfällen. Auch Pferde oder Rinder, selbst Vögel können durch die Giftstoffe des Strauches erkranken.

Zu Heilzwecken als mildes, aber effektives Abführmittel verwendet wird die in der Sonne getrocknete und von März bis Mai gesammelte Rinde des Faulbaums. Sie muss allerdings, bevor sie als Droge verwendet werden kann, unbedingt ein Jahr gelagert werden. Sie ist häufig in Tees für Frühjahrskuren enthalten und wird zusammen mit anderen Pflanzen gegen Blähungen eingesetzt.

Die Rinde der jungen Äste wird als ein die Dickdarmschleimhaut wenig beeinträchtigendes Abführmittel eingesetzt.

Besonders die abführende Wirkung der Inhaltsstoffe ist mindestens seit dem 14. Jahrhundert nicht nur bekannt, sondern auch in zahlreichen Kräuterbüchern beschrieben worden, zum Beispiel von Tabernaemontanus: *Viel brauchen die Rinden allein / gebens gedörrt und gepulvert ein / treibt oben und unten aus.* Sie soll auch sonst *alle innerliche Glieder von groben / faulen Feuchten reinigen und dieselbige stärcken / sonderlich der Leber... Aus diesem Baum Kohlen macht man trefflich gut Buchsenpulver. Das Laub soll dem Rindviehe nutz seyn / sollen darvon sehr zunehmen / und den Kühen viel Milch machen. Die Rinde mit Wein und Essig gesotten und den Mund damit gespühlet / heilet das faule Zahnfleisch und das Zahnwehe. Wann man diese Rinde in Essig beizet / und den Leib damit bestreichet / soll ein gewisse Arzney sein wider die Krätze und Räudigkeit des Leibes.*

Die Volksheilkunde kennt die Anwendungen unter anderem bei: Abszessen, Arterienverkalkung, zur Blutreinigung, bei Fettsucht, Gallenflussstauung, Gallensteinen, Gallenschwäche und Grind, bei Hämorrhoiden, Krätze, Leberschwellung, Entzündung der Mundschleimhaut und des Zahnfleischs, bei Wassersucht, Verstopfung und Völlegefühl. Die Homöopathie setzt das Mittel bei saurer Diarrhoe, Durchfall und Verdauungsschwäche ein.

Die aus dem Faulbaum gewonnene hochwertige Holzkohle hat einen sehr geringen Ascheanteil. Sie wurde früher für die Herstellung von Schwarzpulver verwendet, was sich in der Bezeichnung Pulverholz wiederfindet. Noch im Zweiten Weltkrieg hat man in England das aus dem Strauch gewonnene Schwarzpulver zur Herstellung von Sprengstoffen genutzt. Bei Theodor Fontane lesen wir im „Finkenkrug“ von solcher Verwendung: *Das Faulbaumholz gibt eine allerbeste Kohle für die Pulverfabrikation. Selbst Pappeln und Linden kommen gegen den Faulbaum nicht auf.*

Aus dem Holz wurden früher Schuhnägel (daher Schusterbaum) und Zapfen (daher Zapfenholz) für Weinfässer gefertigt. Und weil es sich leicht spalten lässt, fand es auch beim Pliestern (das ist Stroh mittels kleiner Holzleisten annageln) von Fachwerkbauten Anwendung.

In England nennt man den Faulbaum „freundlicher Begleiter“. Er wächst häufig in der Nachbarschaft mit dem Waldgeißblatt und wird von diesem eingeschnürt und verwächst korkenzieherartig. Daraus werden Spazierstöcke gefertigt, aber auch Zauberstäbe und andere Kultgegenstände.

Die Legende

Bei Wilhelm Busch findet sich in „Eduards Traum“ die Beschreibung eines Eremiten: *Er mußte wohl schon lange gesessen haben, denn ein Faulbaum war ihm kreuz und quer durch die Kutte gewachsen, und in seiner Kapuze saß ein Wiedehopfsnest mit sechs Jungen, die sich weiter keinen Zwang antaten.*

August von Kotzebue, der umtriebige Dichter, Staatsmann und Geheimagent, erzählt in seinen Erinnerungen aus Russland: *Der Faulbaum wird in Tobolsk sehr geliebt und vor vielen Häusern auf die Straße gepflanzt: teils um seiner wohlriechenden Blüten willen, teils weil man nichts anderes hat.*

Im Emsland kennt man den Aberglauben, dass das Vieh nicht mit Faulbaumruten geschlagen werden darf, weil es davon krank würde.

Karl Bartsch beschreibt ein etwas martialisches Hausmittel: *Eine geschossene Elster … soll man mit Haut und Haaren kochen, in die Brühe etwas Rhamnus frangula L. (Gichtholz) hineinthun und dies dem Kranken eingeben, so verschwindet die Gicht.*

Fichte

Die Pflanze:

Die Fichten *(Picea)* gehören in die Familie der Kieferngewächse *(Pinaceae)*. Einzige in Mitteleuropa heimische Art ist die Gemeine Fichte *(Picea abies)*. Ausschließlich Fichten bilden die Unterfamilie *Piceoideae*. Die immergrünen und einstämmigen Bäume können eine Wuchshöhe von 20 bis 60 Meter bei einem Stammdurchmesser von einem bis zu 2,5 Meter erreichen. Fichten besitzen ein bis zwei Zentimeter lange, immergrüne, nadelförmige Blätter, die bis zu 13 Jahre auf den Zweigen bleiben, aber bei durch die Umwelt bedingtem Stress abfallen.

Ein Phänomen ist ein Fund von Wurzelholz im Jahre 2008 unter einer Fichte in der Provinz Dalarna in Schweden, das auf ein Alter von 9.550 Jahre datiert wurde und genetisch identisch mit dem darüber wachsenden Baum sein soll.

Der Name:

Der Name Fichte, mhd. *viehte,* ahd. *fiohta,* ist im indogermanischen Sprachraum nur im Deutschen vertreten. Eine Verwandtschaft besteht zum griech. *peúkē* für Fichte oder dem lit. *pušìs.* In zahlreichen Sprachen (niederl., fries., engl. und norw.) fehlt der Name, weil es die Fichten in alten Zeiten dort nicht gab. Eine Nebenform des ahd. *fihuta* mit *-eu, -ei* oder *-ü* gebildet existiert noch in verschiedenen Ortsnamen wie Feuchtwangen.

Wegen ihrer schuppigen, rotbraunen Rinde wird die Fichte fälschlicherweise auch Rot(h)tanne genannt. Andere gebräuchliche Namen sind Feichten, Gräne, Krestling, Pechtanne oder Schwarztanne.

Abgeleitet von der Verzweigung der Seitenäste kennt man die Bezeichnungen Kammfichte, Plattenfichte und Bürstenfichte. Das Holz der im Hochgebirge auftretenden Haselfichte wird gern im Instrumentenbau für die Klangkörper verwendet.

Das lateinische Wort *picea* bedeutet bei Vergil *harzhaltiges Holz, Fichte,* bei Plinius *Gemeine Kiefer*, und ist die Substantivierung des Adjektivs *piceus* für *pech-, harzhaltig,* zurückzuführen auf die indogermanische Wurzel *pik-* für Pech, Harz. Darauf verweist schon Konrad von Megenberg in seinem 1481 erschienenen „Buch der Natur": *und von der viechten: den paum haißent etleich piceam, dar umb daß harz dar auß switzet.* Dieser Wurzel verwandt ist *pit-* für Fichte. Beide Wurzeln stehen mit den indogermanischen Wörtern für Fett, Saft, Trank in Verbindung. Möglich ist aber auch eine Ableitung von *(s)pik-, (s)pit-* für spitz, stechend.

Die Nutzung:

Noch in jüngster Vergangenheit bedeckten urwaldähnliche Misch- und Laubwälder weite Landstriche Mitteleuropas. Der enorme Holzbedarf des Mittelalters führte zu einer Veränderung des Verhältnisses. Heute bestehen unsere Wälder zu mehr als 60 Prozent aus schnell wachsenden Nadelhölzern, vor allem aus großen Fichtenbeständen. Die Fichte wird zur Papierherstellung benötigt und sie liefert ein gutes Bauholz. Eine Folge dieser starken Monokultur ist eine überhöhte Bodenversauerung.

Fichten werden auch in der Volksmedizin genutzt. Sie enthalten ätherisches Öl, Terpentinöl, Harz, Glykosid Picein, Gerbstoff und Vitamin C. Sammelzeit für die jungen Triebe ist das Frühjahr, für die Nadeln die Monate Juni bis August und für Harz ebenfalls Juni bis August. Gesammelt werden sollte nur an trockenen Tagen, weil die Bestandteile sonst schnell verderben. Und – wenn es nicht der eigene Wald ist – muss die Erlaubnis des Besitzers eingeholt werden.

Fichtenextrakte (als Tee aufbereitet) werden gegen Erkrankungen der Atemwege (Bronchitis, Husten, Katarrh der oberen Luftwege, Keuchhusten, Asthma, Entzündungen der Nasennebenhöhlen und Rachenentzündung), insbesondere wenn sie bakterieller Natur sind und Schleim festsitzt, eingesetzt. Weitere Anwendungsbereiche sind Rheuma, Gicht, Durchblutungsstörungen, Muskelkater, Nervosität, nervöse Herzbeschwerden, Neuralgien und Schlaflosigkeit. Das Terpentinöl enthält das ätherische Öl und Harz von Fichten, Tannen und Kiefern. Es wirkt z.B. als Badezusatz hautreizend und steigert die Durchblutung. Fichtennadeltinktur, auch mit Wacholder angereichert, kann man äußerlich zu Einreibungen gegen Muskel- und Gelenkschmerzen verwenden.

Gegen Gicht gibt es laut einer Aufzeichnung von Karl Bartsch ein probates Mittel: *Man geht zu einer Fichte, nimmt stillschweigend drei Zweige derselben und spricht: Gudn Abend, Fru Füchten, / Ik kam mit minen nęgen un nęgentig Jichten, / ik will juch binn'n, / De Jicht sall verswinn'n. – Dann geht man stillschweigend zurück.*

Die Legende:

Alle Jahre wieder, wie es in dem bekannten Lied heißt, schmücken die Menschen zum Weihnachtsfest einen Weihnachtsbaum. In aller Regel war es eine Fichte, bevor seit den letzten Jahren auch andere Nadelbäume dafür genommen werden. Die Anfänge dieses speziellen Brauches lassen sich schwer bestimmen, denn grünen Pflanzenschmuck holte man sich auch schon in den alten Zeiten ins Haus, um etwas Frisches, dem Leben Zugetanes zu besitzen und zu schmücken. Der urkundlich sicherste erste Beleg stammt aus dem Jahre 1521 als Eintrag in einem Rechnungsbuch der Humanistischen Bibliothek in Schlettstadt: *Item IIII schillinge dem foerster die meyen an sanct Thomas tag zu hieten* (4 Schillinge dem Förster zu bezahlen, damit er ab dem St. Thomastag, dem 21. Dezember, die Bäume bewacht). Seither steht der Weihnachtsbaum in den Häusern der vornehmen Bürger als weihnachtlicher Schmuck, behängt mit allerlei Naschwerk und Äpfeln (später waren es die Glaskugeln), die an den Apfel aus dem Garten Eden erinnern sollten.

Als in der zweiten Hälfte des 19. Jahrhunderts größere Tannen- und Fichtenwälder angelegt wurden, konnten sich auch die ärmeren Schichten einen Weihnachtsbaum leisten. 1832 stellte der deutschstämmige Professor Karl Follen als erster einen Weihnachtsbaum in seinem Haus in Cambridge (Massachusetts) auf und führte damit diesen Brauch in Neuengland ein. Vermutlich im Jahre 1815 hat der Weimarer Buchhändler Johann Wilhelm Hoffmann vor dem „Cranach-Haus“ am Markt das erste Mal in Deutschland öffentlich einen Weihnachtsbaum aufgestellt, *um Kindern aus armen Familien und Waisen eine Freude* zu machen.

In einem alten, inzwischen in Vergessenheit geratenen Sprichtwort heißt es, dass man jemanden um oder hinter die Fichte führt. Die Herkunft dieser Redewendung ist unsicher. Gemeint ist: jemanden betrügen, jemanden „hinters Licht führen“.

Kybele, die phrygische Große Mutter, hatte ihren betrügerischen Geliebten Attis mit Wahnsinn bestraft, woraufhin er sich selbst entmannte und zu einer Kiefer wurde. Bei dem jährlichen Frühlingsfest wurde ihm zu Ehren ein Baum im Festzug getragen. Als der Brauch auch nördlich der Alpen begangen wurde, nahm man dazu eine Fichte. Geopfert wurden phallische Zapfen als Zeichen von Fruchtbarkeit und Potenz. Im Augsburger Wappen ist auch ein Fichtenzapfen dargestellt als Zeichen der Schutzheiligen St. Afra, die auch Schutzpatronin der Huren war.

In Griechenland steht die Fichte für Flucht und Tod. Das geht auf König Krösus zurück, der den Einwohnern von Lampsakos, ursprünglich Fichtenstadt, androhte, ihre Stadt wie eine Fichte zu zerstören, wenn sie den gefangenen Miltiades nicht frei gäben, berichtet Herodot. Hintergrund des Bildes ist, dass Fichten, einmal gefällt, nie wieder austreiben.

Der Maler Filippo Lippi stellte Maria in seinem Bild „Anbetung des Kindes“ von Fichten umgeben dar.

Ginster

Die Pflanze:

Unter der Bezeichnung Ginster *(Genista)* wird eine Pflanzengattung zusammengefasst, die zu den Schmetterlingsblütlern *(Faboideae)* gehört. Außer den Genista-Arten rechnen die Botaniker inzwischen auch *Ulex, Sarothamnus* und *Cytisus* dazu. Die bei einigen Arten bewehrten, rutenförmigen Zweige wachsen als Halbstrauch oder als Strauch und erreichen eine Höhe von 50 Zentimeter bis zwei Meter. Die meist gelben Blüten verfügen über einen so genannten Klapp- oder Schnellmechanismus. Die Ausbreitung der dunkelbraunen Samen, die in schwarz-braunen Hülsen heranwachsen, geschieht durch Schleuderfrüchte.

Die in Mitteleuropa auf nährstoffarmen Böden gut gedeihende Gattung, besonders der Besenginster *(Cytisus scoparius),* kommt bis Südskandinavien und Polen, im mediterranen Afrika und in Westasien vor. Englische Siedler haben Ginster als Heckenpflanze nach Neuseeland verbracht, wo er sich aggressiv vermehrt.

Der Name:

Die nhd. Form von Ginster geht auf mhd. *ginster, genester* (seit dem 15. Jahrhundert neben *ginst)* zurück, ahd. *genster, geneste* und wurde aus dem lat. *genista* entlehnt, dessen Ursprung aber ungeklärt ist. Im 19. Jahrhundert wurde Ginster noch feminin gebraucht. Eine mundartliche Form ist *Gilster.* Andere Bezeichnungen sind Besenkraut oder Besenstrauch, Brambusch (Norddeutschland), Gilbkraut, Ginst, Mägdebusch, Mägdekrieg, Pfriemenkraut und Rehweide. Früher wurden aus den Zweigen Besen gefertigt.

Wenn man in Thüringen von Ginst spricht, meint man Verwirrung, Wirrnis und denkt vermutlich an das wirre Ginstergestrüpp. Die Bezeichnung Pfriemenkraut hängt mit der Verwendung des Holzes als Pfriemen zusammen. Dazu schreibt Johann Georg Krünitz in seiner „Oekonomischen Enzyclopädie“: *Pfrieme, die, oder der Pfriem, bey einigen auch der Pfriemen, überhaupt ein jeder langer spitziger Körper, in welcher weitern Bedeutung es doch veraltet ist, indem es jetzt nur noch von einzelnen Körpern dieser Art gebraucht wird. Von den langen dünnen Stängeln wird sowohl der Ginster, Genista Linn., als auch die Hasenheide, Spartium Linn., im gemeinen Leben häufig Pfriemen und Pfriemenkraut genannt.*

Das Grimmsche Wörterbuch erklärt: *Zusammensetzungen mit ginster sind überaus zahlreich, z.t. rein botanisch oder die heide betreffend, z.t. gelegenheitsbildungen, vgl. ginsterlode, ginsterschütte, und gehören mit geringer ausnahme, so ginsteräsch, ginsterasche bei A. LONICERUS kräuterbuch (1557) ginsteröl, der neuern zeit an.*

Der Besenginster gehört nicht zu den echten Ginsterarten der Gattung *Genista,* sondern zu *Cytisus* (Geißklee). Diese latinisierte Form des griechischen *kytisos* wurde im 16. Jh. statt des ursprünglichen *Medicago arborea* auf den Geißklee übertragen. Medien war ein nordwestlicher Teil Persiens, *arboreus* ist das lat. Wort für Baum, bedeutet also baumartig. Die Beifügung *scoparius* ist das Adjektiv zu lat. *scopa,* der Besen. *Sarothamnos* ist griechisch und bedeutet Besenstrauch *(saron* = Besen). *Ulex* für den Stechginster ist vermutlich von *Ilex* (Stechpalme) wegen der dornigen Sprossform abgeleitet.

Die Nutzung:

Dioskurides beschreibt eine Pflanze *Spartion,* bei der es sich wahrscheinlich um Besenginster oder eine ähnliche Art gehandelt hat, als Heilpflanze mit abführender Wirkung, bei Hüftschmerzen und Angina sowie gegen Schlangenbisse. Tabernaemontanus empfiehlt Ginster bei Wassersucht und Steinleiden, zur Herzstärkung und u.a. auch gegen Gelbsucht.

Hauptbestandteile des Ginsters sind Amine, Chinolizidinalkaloide l-Spartein, Cumarine, Genistein, Pachycarpin, Sarothamnin, Scoparin. In der Asche wird Mangan nachgewiesen. Das stark giftige Spartein befindet sich vor allem in Samen und Blättern. Vergiftungserscheinungen zeigen sich schon nach dem Verzehr von fünf bis zehn Samen durch Übelkeit sowie Beschwerden in Magen und Darm. Geringere Mengen haben erhöhte Harnausscheidung zur Folge sowie Erregung von Darm und Gebärmutter. Bei größeren Dosen zeigt sich erhöhter Herzschlag. Durch eine stärkere Durchblutung der Herzkranzgefäße kann es zu Kreislaufversagen, Lähmung des Atemzentrums und sogar zum Kollaps kommen.

In der Volksheilkunde wird Ginster bei Ödemen, bei rheumatischen Erkrankungen sowie Nieren- und Gallensteinen eingesetzt. Schon die Araber nutzten die Heilkräfte des Besenginsters bei Nierensteinen, Wasser- und Gelbsucht. In Essig eingelegt wurden die Knospen in der Barockzeit als „teutsche Cappern“ genossen.

Besenginster ist für Pferde, noch stärker aber für Schafe giftig, aber auch für Katzen, Hasen, Kaninchen, Hamster, Meerschweinchen und Vögel. Allerdings sollen Schafe, die geringe Mengen vom Ginster gefressen haben, weniger empfindlich gegen Schlangengift sein. Gewarnt wird auch, Ginster in der Nähe von Fischteichen zu pflanzen, weil die ins Wasser fallenden Samen für Fische tödlich sein können.

Der Färberginster wurde als Färbemittel eingesetzt. Zu Besen gebunden fegte man mit dem „Pfingstbesen“ Haus und Hof, auch zur rituellen Reinigung wurde er verwendet. Ferdinand Freiligrath schreibt: *Seit alter Zeit ist's Brauch gewesen / Dass man aus Pfriemenkraut und Heid' / Gebunden hat den Besen.*

In Spanien fertigte man aus den zähen Fasern der Ginsterwurzel Schiffstaue und legte zu diesem Zweck große Plantagen an.

Die Legende:

Donars Priesterinnen fegten in der Nacht zum 1. Mai mit Ginsterbesen sein Heiligtum. Aus diesen Hägedissen (Hägtessen) wurden später die auf Ginsterbesen reitenden Hexen.

Gottfried V. von Anjou soll während des Kreuzzuges einen Ginsterzweig am Helm getragen haben. Nach anderer Darstellung hat er sich mit Ginsterruten gegeißelt. Der Strauch galt als Symbol der Passion Jesu. Dieser Zweig, so will es die Legende, vertrocknete nicht, sondern grünte weiter. Als Gottfried von Anjou wieder zurückkehrte und der Zweig noch immer grünte, pflanzte er ihn in den heimatlichen Boden. Seine Nachfolger nannten sich hinfort *Plantagenets* (nach *Planta genista).* Während ihrer Königsherrschaft (1154 bis 1485) avancierte der Ginster sogar zum königlichen Emblem.

Der französische König Ludwig IX. gründete für seine Frau Margarethe einen Ginsterorden, deren Ritter weiße Damastmäntel mit purpurfarbenen Kapuzen und eine Ordenskette mit der Inschrift *Deus exaltat humiles* (Gott erhöht das Niedrige) in der Art einer blühenden Ginsterrispe trugen.

Im Alten Testament lesen wir bei Hiob: *...die vor Hunger und Kummer einsam flohen in die Einöde, neulich verdarben und elend wurden; die da Nesseln ausraufen um die Büsche, und Ginsterwurzel ist ihre Speise.* In der Übertragung Luthers wurde allerdings Ginster noch mit Wacholder übersetzt.

Der Stechginster wurde nach der Interpretation der Kirche zum Sinnbild der Sünde und den Marterwerkzeugen Jesu zugerechnet. Aus Ginster und Weide haben die Inquisitoren ihr „heiliges Feuer“ gemacht, mit dem sie alles verbrannten, was nach ihrem Verständnis vom Teufel war. Besenginster brennt langsam und hält die Glut über Tage. Im Psalm 120 heißt es: *Was wird Er dir geben und was dir hinzufügen, du falsche Zunge? Geschärfte Kriegerpfeile und glühendes Ginsterholz!*

Ginster wird auch immer wieder als Gleichnis oder als besonderes Bild in der deutschen Literatur bemüht. *Am Ginster zittert die Libelle hin,* dichtete Detlev von Liliencron. *Die ganze Gegend nichts als Moor, hier und da mit traurigem Ginster bewachsen,* schreibt Eduard Mörike.

Hainbuche

Die Pflanze:

Hainbuchen *(Carpinus betulus)* gehören zu den Birkengewächsen *(Betulaceae)*. Der laubabwerfende sommergrüne Baum ist in Europa und Westasien beheimatet. Er erreicht eine Höhe bis 25, im Kaukasus sogar bis 35 Meter, bei einem Stammdurchmesser bis zu einem Meter. Er kann 150 Jahre alt werden. Die häufig krummen Stämme bilden in geschlossenen Beständen acht bis zehn, manchmal sogar 18 Meter lange Schäfte aus.

Junge Äste sind senkrecht orientiert, erst im Alter biegen sie in die Horizontale um. Freistehende Bäume bilden mächtige, breit-ovale Kronen. Die am Rand doppelt gesägten, wechselständig angeordneten Blätter sind vier bis zehn Zentimeter lang, zwei bis vier Zentimeter breit, eiförmig und am Ende zugespitzt. Sie färben sich im Herbst leuchtend gelb und haften in braunem Zustand oft bis zum Neuaustrieb an den Zweigen.

Hainbuchen besitzen männliche und weibliche Blüten auf einem Baum. Die Knospen erscheinen kurz vor und zeitgleich mit den Blättern. Die Frucht ist eine kleine, einsamige Nuss. Zur Reifezeit in den Monaten August/September sind die Fruchtstände bis 17 Zentimeter lang. Die Früchte lösen sich aber erst im Oktober/November ab.

Der Name:

Der Name Hainbuche, auch Hagebuche oder Weißbuche, ist irreführend insofern, als es sich nicht um eine Buche, sondern um ein Birkengewächs handelt. Er wird abgeleitet von ahd. *haganbuoche.* Hag bedeutete Einzäunung, Hecke, auch Dornengestrüpp, Verhau oder umfriedeter Platz.

Hain, entstanden aus dem ahd. Wort *hagan,* gebrauchte man etwa ab dem 14. Jahrhundert für einen kleinen Wald. Die Bezeichnung geht darauf zurück, dass die Bäume oft auf freiem Feld als kleines Wäldchen beisammenstanden oder zu Hecken oder Zäunen geschnitten wurden.

Das Grimmsche Wörterbuch erklärt: *gewöhnlich ist aber hain vom walde genau unterschieden; es betont mehr die anmutige seite des waldes, bezeichnet den kleinen, gehegten und gut gepflegten lustwald, wie auch hag mehr den park, als den eigentlichen wald ausdrückt.*

Der zweite Namensteil hängt mit der äußerlichen Ähnlichkeit zwischen Hainbuche und Rotbuche hinsichtlich Größe, Form und Nervenmuster der Blätter und der glatten Rinde zusammen.

Aus Hagebuche entstand das Wort hanebüchen, mhd. *hagebüechin.* Es steht mit dem harten, zähen Holz des Baumes in Verbindung. In einem alten

Kanon heißt es: *Wenn einer tannigi Hose hät / Un hagebuecheni Strümpf, / So chann er tanze wie-n-er will…*

Das Grimmsche Wörterbuch zitiert: *neunhäutigen und heimbüchenen schlimmen baurenstandes*. Im selben Artikel lesen wir: *auch im südlichen Mitteldeutschland in einem wildbanne von Dreieich bei Frankfurt a. M. aus dem jahre 1338 ist hain für hagen gesetzt. … im 16. jahrh. wird die form häufiger, setzt sich aber in eingeengter bedeutung fest, indem es gewöhnlich nur den sinn gebüsch, gehölz, wald in mehreren schattierungen wiedergibt, Luther namentlich braucht es vielfach.*

Der Name Weißbuche beruht auf der im Gegensatz zur Rotbuche hellen Holzfarbe der Hainbuche. Andere Namen sind Eisenbaum (wegen der Härte des Holzes), Flegelholz (weil zu Dreschflegeln verarbeitet), Hornbaum (engl. *hornbeam)*, Jochbaum (Teil des Geschirrs der Zugtiere).

Der wissenschaftliche Name *Carpinus* geht auf lat. *carpo* (= ab-rupfen, zerpflücken; auch genießen) zurück, weil der Baum für Hecken und Einzäunungen zurechtgeschnitten wurde. Die Beifügung *betulus* ist der lateinische Name für die Birke als Hinweis darauf, welcher Gattung die Hain- oder Weißbuche tatsächlich angehört.

Die Nutzung:

Für die Verwendung als Heilpflanze gibt es kaum einen nennenswerten Nachweis. Nur in der Bachblütentherapie wird Hainbuche gegen Übermüdung und Erschöpfung eingesetzt.

Auch die wirtschaftliche Bedeutung des Baumes ist in moderner Zeit gering. Das schwer spaltbare Holz fand und findet wegen seiner Härte und Dichte noch Anwendung als Parkett oder bei der Herstellung verschiedener Werkzeuge wie Hobelsohlen (Unterseite eines Hobels), Werkzeughefte bzw. -griffe, Textilspulen, Schlittenkufen und Hackblöcke. Häufig werden auch die Hämmer eines Klaviers und Trommelstöcke aus diesem Material gefertigt. In früheren Zeiten sind Webstühle, Zahnräder, Schuhleisten, landwirtschaftliche Geräte und viele andere Gegenstände hergestellt worden, die ein dauerhaft haltbares und belastbares Material erforderten, das zudem preisgünstig sein sollte.

Die einst wichtige Bedeutung als Brennholz ist überholt, seit moderne Heizmethoden in unseren Wohnungen Einzug gehalten haben.

Die Hainbuche wird wegen ihres guten Ausschlagvermögens und ihrer dichten Belaubung gern als geschnittene Hecke in Gärten gepflanzt. Besonders schmalkronige Arten werden für Alleen verwendet.

Die Legende:

Das Märchen vom Dornröschen, das in einem Schloss hundert Jahre schlief, welches von einer dichten, undurchdringlichen Hecke umgeben war, ist einem im Mittelalter geübten Brauch nachempfunden. Während des 30-jährigen Krieges zum Beispiel wurden solche Hecken als Schutz gegen unliebsame Eindringlinge um Festungen und andere zu sichernde Bauwerke angelegt. Sehr oft bestanden diese Wehrholze, Knickicht, Landheeg oder Gebück genannten wehrhaften Hecken aus Brombeeren, Heckenrosen und vor allem Hainbuchen. Die Hagbüsche wurden mit Beilen zurechtgehauen und ihr Strauchwerk ineinander verflochten.

Im 11. Jahrhundert hat Kurmainz das so genannte Rheingauer Gebück angelegt und damit den gesamten Rheingau zwischen Nieder-Walluf und Lorchhausen gegen den Taunus hin abgegrenzt. Nur an wenigen Stellen konnte man diese 50 bis 100 Meter breite Landwehr passieren. Ein extra dafür geschaffenes Haingericht sorgte für Pflege und Ordnung.

Bei den Kelten galt die Hainbuche als Hexenbaum. Wenn man im Zeichen der Hainbuche (4. bis 13. Juni und 2. bis 11. Dezember) geboren ist, sagt das Keltische Baumhoroskop, *kann dich nicht vieles erschrecken oder schocken. Hainbuche-Menschen sind zähe und widerstandsfähige Zeitgenossen in körperlicher wie seelischer Hinsicht. Sie besitzen gerade deshalb in sich eine gefühlvolle Seite.* Auch im Mittelalter schrieb man dem Holz der Hainbuche magische Kräfte zu.

Wilhelm Raabe hat in „Stopfkuchen. Eine See- und Mordgeschichte“ der Hainbuche eine wichtige Funktion zugedacht. Häufig ist sie Zeuge des Geschehens. *Es ist dieselbe Höhe, auf welcher ich im nächtlichen Halb- und Ganztraum anhielt zum Briefsortieren unter der alten Hainbuche gegenüber dem Dammwege, der – heute auch noch – über den Graben zu dem Eingangstore von Quakatzenhof führt. Die Hainbuche hatte ich nun zu vermissen. Auch sie war wie der Lurkenteich der Melioration, der Feldverbesserung, zum Opfer gefallen. Sie hatte wahrscheinlich für das Bedürfnis der hungerigen Gegenwart zuviel Schatten über das Ackerland geworfen oder zu sehr ihre Wurzeln im Grund und Boden ausgebreitet.*

Adalbert Stifter gebraucht anstelle des Wortes Hainbuche den Namen Weißbuche im vierten Kapitel von „Die Mappe meines Urgroßvaters“, das er mit „Margarita“ überschrieben hat: … *wir alle nehmen das Holz von dem obern Pufter, und wir nehmen es gerne, weil er unerschöpflich ist, weil dort die schönste Weißbuche steht und in der Wildnis sich der Brennstoff recht kräftigt und stärkt – endlich kömmt es auch ein Sechsteil billiger.*

Haselnuss

Die Pflanze:

Die bis zu fünf Meter hoch werdende Hasel oder der Haselstrauch *(Corylus avellana)* gehört zu den Birkengewächsen *(Betulaceae)*. Sie ist in Europa und Kleinasien heimisch. Bekannt ist die Hasel vor allem wegen ihrer essbaren Früchte, der Haselnüsse. Allerdings kommen die meisten der im Handel erhältlichen Nüsse von der nahe verwandten Lambertshasel *(Corylus maxima)*.

Meistens wächst die Hasel als Strauch, gelegentlich aber auch als Baum und erreicht dann eine Höhe von etwa zehn Meter und einen Stammdurchmesser bis zu 18 Zentimeter. Die Gemeine Hasel kann bis zu 100 Jahre alt werden. Die Hasel bildet männliche (bis zu zehn Zentimeter lange Kätzchen) und weibliche Blüten an einer Pflanze aus. Blütezeit des Frühblühers sind die Monate Februar/März, noch vor dem Laubaustrieb. Die Bestäubung erfolgt durch den Wind. Die ersten Früchte trägt die Hasel mit zehn Jahren. Erntezeit sind die Monate September/Oktober. Die Nuss enthält nur einen Samen, der u.a. von Kleinsäugern ausgebreitet wird.

Der Name:

Die Bezeichnung Hasel ist schon im Mittelhochdeutschen zu finden (ahd. *hasala)*. Laut Herkunftswörterbuch besteht eine Verwandtschaft zum lateinischen Wort *corolus*. Das dem zugrunde liegende *koslos* für Hasel kann nicht gedeutet werden.

Das Grimmsche Wörterbuch sieht eine Verbindung zwischen Hase und Hasel: *Die mythischen bezüge der hasel sind mehrfach; sie dient namentlich als wünschelrute oder springwurzel. dieser umstand ist geeignet, die etymologische verwandtschaft zwischen hasel und hase zu bezeugen und die zu letzterem worte sp. 526 gegebenen etymologischen vermutungen zu stützen. auch dasz die hasel erotische bedeutung hat (in die haseln gehen heiszt liebeln) fügt sich dem; die zu grunde liegende wurzel çaç springen wäre dann auf das geschlechtliche bezogen.*

Die Hasel trägt in Norddeutschland die Bezeichnung Klöterbusch wegen des klappernden Geräusches der reifen Früchte. Außerdem wird eine Analogie zu den männlichen Hoden hergestellt.

Die wissenschaftliche Bezeichnung *Corylus* geht auf das lat. *corulus* für Haselstaude zurück. Die Beifügung *avellana* bezieht sich auf die antike italienische Stadt Abella (Avella) nahe dem Vesuv. Diese Region ist schon seit dem Altertum für ihren Haselnussanbau bekannt.

Hasel ist auch der Name eines kleinen Karpfenfisches *(Leuciscus leuciscus)*. Acht Flüsse, davon allein drei in Bayern, und eine Gemeinde im Schwarzwald tragen diesen Namen.

Die Nutzung:

Haselnüsse sind sehr fetthaltig (über 60 %) und damit reich an Kalorien. Das Fett besteht vor allem aus ungesättigten Fettsäuren. Außerdem sind Vitamin A, verschiedene B-Vitamine (Niacin), Vitamin C und E, Magnesium, Phosphor, Kalium, Eisen und Kalzium sowie Ballaststoffe und sekundäre Pflanzenstoffe enthalten. Plinius, Vergil, Dioskurides und Hildegard von Bingen empfahlen die Hasel gegen Impotenz, nephrotische Schmerzen, Husten und Lungenentzündung. Aus Haselblättern bereitet man einen blutreinigenden, fiebersenkenden Tee.

Haselnüsse gehörten schon in der Mittelsteinzeit zur menschlichen Ernährung, wie archäologische Funde z. B. in Brandenburg belegen, wo Schalen von Haselnüssen in Tongefäßen aus dieser Zeit entdeckt wurden.

Haselnüsse gehören nicht nur traditionell auf den Weihnachtsteller. Sie sind auch Ausgangsprodukt für verschiedene Gerichte und Backwaren. Das Kochbuchportal *chefkoch.de* verzeichnet 4.862 verschiedene Haselnussrezepte.

Haselnussgerten waren und sind ein häufig genutztes Material für Flechtzäune, Vogelschlingen, Ausklopfstäbe und Korbbügel; stärkere Äste für Spazierstöcke und Armbrustbögen. Das Holz diente zu Drechsler- und Tischlerarbeiten, und es wurde als Klärspäne in der Bier- und Essigfabrikation sowie zur Herstellung von schwarzem Schießpulver und weicher Zeichenkohle verwendet.

Früher wurden so genannte Zauberstäbe aus dem Holz der Hasel gefertigt. Aus elastischen, gegabelten Zweigen („Zwiesel") wurden Wünschelruten geschnitten. Beim Schneiden der Wünschelrute am Perchten- (im alpenländischen Brauchtum vorkommende Gestalten, die vor allem im Dezember und Januar auftreten) oder Johannistag sagte man im Lechrain folgenden Spruch auf: *Ich schneide dich, liebe Rute / Dass du mir sollst sagen, / Was ich dich will fragen, / Und dich so lang nit rühren, / Bis du die Wahrheit tust spüren.*

Das elastische Holz der Haselnuss wurde einst zum Korbflechten, zum Binden und für Fassreifen genutzt, auch als Flechtwerk für Zäune und Lehmwände (das Wort Wand kommt von winden).

Die Blätter sind ein beliebtes Pferdefutter. Aus den Nüssen wird ein feines Öl gepresst.

Die Legende:

Die Kelten verehrten die Hasel als Baum der Weisheit und führten sie gleich zwei Mal (März und September) in ihrem Kalender. Der Zauberer Merlin saß gern auf dem Gipfel des Schwarzen Berges, dem Mittelpunkt der Welt, an einer dicht von Haselsträuchern umgebenen Quelle. Nüsse, die ins Wasser fielen, riefen „Blasen mystischer Eingebungen“ hervor, von denen sich der Zauberer nährte.

Weit verbreitet ist der Glaube, dass die Hasel Blitze ableite, weshalb sie noch heute in vielen Gärten zu finden ist. Wurde man unterwegs von einem Unwetter überrascht, steckte man sich einen Haselzweig an den Hut. „Ungeziefer“ wie die Schlangen ließen sich am besten mit einem Haselzweighieb töten, glaubte man. Schlug man mit einer am Dienstag geschnittenen Haselrute auf die Kleider eines abwesenden Feindes, dann spürte dieser die Hiebe.

Früher gab man den Verstorbenen oft Haselruten – und als Wegzehrung Nüsse – ins Grab. Die Germanen steckten als Schutz- und Notzauber Pferdeköpfe auf lange Haselstöcke. Und das „Vielliebchen”, zwei Nüsse in einer Schale, zeigte baldiges Eheglück an. Der dicht wuchernde Haselstrauch galt auch als heimlicher Treffpunkt für die außereheliche Liebe, weshalb er zum Sinnbild der Wollust und der Fruchtbarkeit wurde. Wer „in die Haseln geht“, treibt Unzucht, und Kinder, die dort gezeugt wurden, waren „aus der Hasel entsprungen“. Wenn Buben und Mädchen in die Haselnüsse gehn, lautet eine alte Weisheit, so gibt es viel Kinder.

Viele Haselnüsse im Herbst deuten auf viele uneheliche Geburten im kommenden Jahr hin. Sprangen die Nüsse im Feuer hoch, war der Geliebte untreu geworden. Die Sitte, einem angeblich leichten Mädchen in der Nacht zum 1. Mai einen Haselstrauch vors Fenster zu stellen, um sie bloßzustellen, war besonders in Frankreich weit verbreitet.

Nach einer alten Bauernregel kündigte eine reiche Nussernte einen harten Winter an: *Wenn Buchenfrüchte geraten wohl, / Nuss- und Eichbaum hängen voll: / So folgt ein harter Winter drauf, / und fällt der Schnee zuhauf.* Und eine andere Erfahrung besagt: *Um Mariä Himmelfahrt* [das ist der 15. August], *das wisse, gibt es die ersten Nüsse.*

Die Hasel wird im Volkslied häufig besungen *(Guten Tag, guten Tag, liebe Hasel mein, / Warum bist du so grüne?).* Sie hat es auch bis in die Weltliteratur geschafft. Gleich zweimal kommt sie bei Shakespeare vor, sowohl in „Der Widerspenstigen Zähmung“, als auch in „Romeo und Julia“, wo von der gütigen Fee Frau Mab erzählt wird: *Die Kutsch' ist eine hohle Haselnuss.*

Heckenrose

Die Pflanze:

Die bis zu vier Meter hohe Heckenrose *(Rosa corymbifera)* und die ihr ähnlichen Hundsrosen *(Rosa canina)* sind in Europa heimische Wildrosen. Die Heckenrose unterscheidet sich von der Hundsrose durch größere Blüten und ist weitgehend ohne Stacheln. Die Unterseite der Blätter ist behaart. Heckenrosen bilden Sammelfrüchte aus, die viele kleine Nüsse enthalten. Das Fruchtfleisch der im Spätherbst geernteten Früchte entsteht aus dem fleischigen Blütenboden. Die Nüsschen haben feine, widerhakenbestückte Härchen, die bei Hautkontakt Juckreiz hervorrufen.

Zahlreiche Pflanzen tragen den Namensteil *Hunds-* im Zusammenhang mit ihrem eigentlichen Namen wie z.B. Hundskamille, Hundspetersilie, Hundsrauke. Damit soll auf die geringere Bedeutung gegenüber einer hochwertigeren Pflanze hingewiesen werden, im Falle Hundsrose auf die edle Rose. Ähnliche Wertungen erfahren auch die Katzen (Katzenminze und Echte Pfefferminze).

Der Name:

Heckenrosen werden seit dem 15. Jahrhundert mit dem Namen ihrer Früchte, den Hagebutten, bezeichnet. *Hag* bedeutet Hecke. *Butte* ist von Butz(en) abgeleitet, was eine dicke runde Gestalt meint. Hag gehört laut Grimm zur deutschen Wurzel *hag* für schlagen, stoßen, stechen. Die ursprüngliche Bedeutung für Butte findet sich in dem um 1600 aus dem Niederländischen entnommenen Namen für einen Plattfisch Butt *(bot* = platt, stumpf).

Andere Namen sind: Dornrose, Hägen, Hiefe, Hiefenbutze (Grimms Wörterbuch: *ebenmäszig bricht man schleen und rothe hiefenbutzen ab),* Hiffen, Hiften, Hetschhiven, Hetscherl, Hetschepetsche, Rosenäpfel.

Der deutsche Name Rose ist aus der lateinischen Sprache übernommen, kommt aber ursprünglich aus dem Griechischen *(rhodon* = Rose). Die Griechen wiederum haben es vermutlich aus dem Sanskrit übernommen. Das latinisierte Artepitheton *corymbifera,* abgeleitet von griech. *korhymbos* (= Blütentraube), bedeutet Doldentrauben tragend.

Die Nutzung:

Die süßsaure Hagebutte ist reich an Vitaminen, insbesondere Vitamin C (Ascorbinsäure), aber auch Vitamin A, B1, B2, E und K, außerdem Zucker, organischen Säuren, Pektinen, Gerbstoffen und Flavonoiden. Die Einzelfrüchte, früher fälschlicherweise Samen genannt, enthalten fettes und ätherisches Öl. Hagebutten können roh gegessen werden, nachdem die Nüsschen entfernt wurden. Sie bleiben den Winter über am Strauch und sind auch noch im Frühling problemlos genießbar.

Zu Mus oder Konfitüre (Hagebuttenmark) verarbeitet, werden z.B. die fränkischen Krapfen traditionell damit gefüllt. Hagebutten eignen sich auch zum Würzen von Wildgerichten oder werden zu Fruchtwein, Likör und Aufgussgetränken verarbeitet.

Aus den getrockneten Hagebuttenschalen kann man einen vitaminreichen Aufguss bereiten, der wegen seines hohen Gehaltes an Pflanzensäuren und Pektiden leicht harntreibend und abführend ist und bei Blasen- und Nierenleiden sowie bei Erkältungskrankheiten unterstützend wirkt. Eine ähnliche Wirkung hat auch das Mus, das außerdem bei Gicht und Rheuma Verwendung findet.

Aus den Hagebuttenkernen wird ein Öl für die Hautpflege bereitet. Pulverisierte Hagebutte kann bei Arthrose-Erkrankungen eingesetzt werden.

Die Blüten enthalten adstringierend (zusammenziehend) wirkende Gerbstoffe und eignen sich zur Bereitung von Mundspülungen bei leichten Entzündungen im Mund- und Rachenraum. Außerdem kann man aus Rosenblättern Marmelade herstellen.

Dioskurides schreibt, dass Hagebutten ohne Kerne in Wein gekocht das Bauchgrimmen verhindern sollen. Matthiolus betrachtete sie als steintreibendes Mittel sowie gegen Gonorrhoe und Ruhr. Die Römer wussten um die heilende Wirkung der Hundsrosen-Hagebutten bei Hundebissen. Im Mittelalter setzte man sie zur Stärkung des Herzens, gegen Kopfschmerzen und tränende Augen ein. Es galt der Rat, täglich drei Wacholderbeeren und drei Hagebuttenschalen zum vorbeugenden Gesundheitsschutz zu essen.

Die Legende:

Eines der bekanntesten Kinderlieder ist Hoffmann von Fallerslebens „Ein Männlein steht im Walde ganz still und stumm. Es hat von lauter Purpur ein Mäntlein um.“ Und die Antwort auf das Rätsel lautet:

Das Männlein dort auf einem Bein,
Mit seinem roten Mäntelein
Und seinem schwarzen Käppelein,
Kann nur die Hagebutte sein!

Weil der Teufel vergeblich versucht hat, an den langen Zweigen in den Himmel zu steigen, hat er alle Dornen sichelförmig nach unten gebogen.

Wenn man am Heiligen Abend, am Stefanstag (26. Dezember), am Silvesterabend und zu Neujahr drei Hagebutten verzehrt, sei man gegen Unfälle und Krankheiten geschützt. Gegen Verhexung des Viehs nagle man so viel Hagedorne vor das Fenster wie Kühe im Stall stehen. Georg Philipp Harsdörffer beschreibt das so: *Allhier bey uns ist bräuchlich daß arme Leute am Neuen Jahrtage für den Thüren herüm gehen/ und ruffen und zugleich überreichen: Drey Hiefen zum Neuen Jahr.* (Hiefe = Hagebutte)

Im Grimmschen Märchen von Dornröschen wird ihre Jungfräulichkeit durch eine dichte Hecke aus Rosen geschützt. In älteren Fassungen ist es der Dorn einer Rose, an dem sie sich sticht. Erst zur rechten Zeit, als die Rosen erblühten, durfte sich ihr ein Prinz nähern. Auf vielen Marienbildern erscheint der Strauch als Sinnbild der Reinheit und Keuschheit.

In dem von den Brüdern Grimm 1815 herausgegebenen Buch „Altdeutsche Wälder" steht: *Wer etwas Liebes hat, das ihm in allen Dingen gefällt, von dem er aber nichts erzählen darf, der soll Hagedorn tragen, denn der hat die Art, dass er, wie freundlich er auch aussehen mag, sich wegen seiner Dornen doch nicht anrühren lässt.*

Die Germanen haben die Heckenrose mit ihren roten Früchten Loki zugeordnet, der den Frühling brachte, indem er die Erde zum „Rosenlachen" zwang, denn die Wintergöttin musste zu einem befreienden Lachen gebracht werden, um sich dem Frühling zu ergeben.

Die berühmteste Legende ist die von der 100-jährigen Hildesheimer Rose aus der Gründungsgeschichte des Bistums Hildesheim. Kaiser Ludwig der Fromme befand sich um 815 auf seiner Pfalz in Elze. Nach einer erfolgreichen Jagd ließ er auf einem Hügel im Wald seine Zelte aufschlagen und den Gottesdienst abhalten. Als er zur Pfalz zurückkam, fiel seinem Hofkaplan auf, dass er ein Reliquiengefäß im Gebüsch vergessen hatte. Er suchte verzweifelt an jenem Ort danach, konnte das Heiligtum aber nicht aus den Ranken der wilden Heckenrose lösen. Der Kaiser sah darin eine Offenbarung göttlichen Willens und ließ an dieser Stelle zu Ehren der Gottesmutter eine Kapelle errichten. Um den Bau legte er die Ranken des Rosenstrauches. Dieser Rosenstock wächst noch immer an der Ostseite des Domes. Nach Zerstörung dieses Domes durch ein Feuer im Jahre 1046 wurde 1061 der von Bischof Hezilo erbaute zweite Dom eingeweiht. 1945 wurde auch dieser Dom durch den Krieg vollständig zerstört. Der Rosenstock musste aus tiefem Schutt ausgegraben werden – und begann erneut zu blühen.

Heidekraut

Die Pflanze:

Die Heidekräuter *(Erica)* sind eine Pflanzengattung aus der ungefähr 860 Arten umfassenden Familie der Heidekrautgewächse (*Ericaceae)*. Sie sind zu 90 Prozent in Südafrika beheimatet, nur wenige Vertreter kommen auch in Europa und Vorderasien vor. Es handelt sich um immergrüne Sträucher und Bäume, die bis zu zehn, selten sogar bis 30 Meter groß werden können. In unseren Breiten kennt man vor allem die Glockenheide *(Erica tetralix)*. Oft werden andere Zwergsträucher der Heidelandschaft „Heidekraut" genannt, ohne zu ihnen zu gehören, wie beispielsweise die nahe verwandte Besenheide *(Calluna vulgaris)*.

Das flächendeckende, bis zu 50 Zentimeter hoch wachsende Heidekraut gedeiht meist auf kargen Böden wie Torfmooren, Sanddünen, Bergwiesen und Kiefernwäldern. Im Spätsommer und Herbst färben die Blüten des Heidekrauts die ganze Gegend in ein zartes Violettt. Der kleine Halbstrauch kann bis zu 40 Jahre alt werden.

Der Name:

Andere Namen für das Heidekraut beziehen sich mitunter auch auf die Besenheide: Besenkraut, Brandheide, Erika, G'heid, Haad, Hedorn, Hoaden, Immerschön, Kuhheide oder Zetten.

Der im Deutschen geläufige Name *Erika* geht entweder auf den griechischen und dann latinisierten Namen der Baumheide *carneus* (= fleischfarben) zurück und müsste bei einer korrekten Aussprache das „I" betonen, oder auf das ebenfalls griechische *ereiko* (= brechen) wegen der leicht abbrechbaren Stiele.

Der Vorname Erika hat jedoch nichts mit der Pflanze zu tun, es handelt sich um die weibliche Variante zu Erich (der allein Mächtige).

Ebensowenig besteht ein sprachlicher Zusammenhang zwischen der christlichen Bezeichnung für einen Nichtchristen und der Heide beziehungsweise Heidelandschaft. Der Pflanzenname kommt vom ahd. *heida* für unbebautes, wild grünendes Land oder Waldgegend. Das Grimmsche Wörterbuch erklärt: *Heide bildet den gegensatz zu dem für haushaltung und wirtschaft urbar gemachten, der wohnung zunächst liegenden stück garten oder feld, bezeichnet also etwa unser gefilde, feld und flur im weitesten sinne.*

Der Heide ist wahrscheinlich vom griech. *ethnos* (= Schar, fremdes Volk) entlehnt.

Die griech./lat. Beifügung *tetralix* bedeutet „vierfach gewunden" wegen der meist zu viert in Quirlen stehenden lineal-lanzettlich geformten Blätter.

Wegen der nahen Verwandtschaft und der häufigen Verwechslung oder Gleichsetzung von Erika mit Besenginster soll an dieser Stelle auch auf den Artnamen *Calluna* aufmerksam gemacht werden, der auf das griech. *kallynein* (für fegen, reinigen) verweist wegen der Verwendung der Pflanze als Besen.

Die Nutzung:

Heidekräuter enthalten u.a. Arbutin, Hydrochinon, Gerbstoffe, Mineralstoffe, Kalk, Enzyme, Flavonglykoside und Saponine. In der Heilkunde werden nur die Blüten und Krautspitzen verwendet. Beim Einsatz gegen Rheuma empfiehlt sich, in möglichst vielen Heidekrautblüten zu baden. Die Pflanze findet zudem Anwendung bei der Blutreinigung. Sie ist harntreibend, wirkt gegen Blasen- und Nierensteine sowie gegen Gicht und Ekzeme.

Heidekraut kann man als Tee zubereiten und trinken oder äußerlich als Kompresse oder Bad anwenden. Für einen Tee übergießt man ein bis zwei Teelöffel Heidekrautblüten oder das Kraut selbst mit einer Tasse heißen Wassers, seiht sie ab und trinkt an mehreren Tagen ein bis drei Tassen in kleinen Schlucken.

Die Legende:

Die Heide ist eine sehr „besitzergreifende" Pflanze. Wo sie sich ansiedelt, unterdrückt sie nahezu alle anderen Konkurrenten. Deshalb sind Heidelandschaften oft sehr einsame Gegenden und die dort wohnenden Bauern mussten sich in der Regel mit der Schafzucht begnügen. Diese Einsamkeit ist der Hintergrund für viele Sagen und Legenden. Hier wohnen die Dämonen. Shakespeares Hexen in „König Lear" versammelten sich auf der „sturmgepeitschten Heide".

Joseph von Eichendorff dichtet in seinem Trauerspiel „Der letzte Held von Marienburg":

Eine wahre Hexennacht! Die Nebel jagen
Sich übers Feld wie fliegende Gestalten,
Das Heidekraut mit langen flatternden
Gewändern streifend.

Bei den Kelten repräsentierte die Heide den Vokal „U". Die gallische Heidekrautgöttin Uroika ließ sich als Bienenkönigin von den männlichen Drohnen umschwärmen, um sie dann im Hochzeitsakt zu kastrieren, berichtet Robert von Ranke-Graves in seinem Buch „Die weiße Göttin. Sprache des Mythos".

Rot blühende Erika soll aus dem Blut der Helden entstanden sein, die in den zahlreichen Hünengräbern bestattet liegen und auf deren Totenruhe sie bedacht sei, weiß die Sage.

Karl Bartsch erzählt in seinen Sammlungen alter Sagen: *Auf der Lüneburger Heide wandelt das Klageweib, ein riesiges hohläugiges, todbleiches Gespenst, in Sturmnächten im wehenden Leichengewand umher und heult durch die Nächte mit grausenvollem Wimmern. Über die Häuser, darinnen jemandem der baldige Tod bestimmt ist, streckt das Gespenst den langen Knochenarm, und ehe der Mond sich vollendet hat, ist auch eine Leiche im Hause.*

Die Romantiker entdeckten die Heidelandschaft für sich und stilisierten sie zum idyllischen Heimatbegriff, indem sie schwärmend ihre schlichte Schönheit besangen. *Mich quält Schwermut, und so lenke ich meine Schritte zu den abgelegenen Plätzen, wo niedriges Heidekraut, Gefährtin der Einsamkeit, sich der Geschäftigkeit der Menschen entgegenstellt,* schreibt Charlotte de la Tour.

Ganz anders war der Blick im 15. Jahrhundert, wie im „Liederbuch der Clara Hätzlerin“ nachzulesen ist. Sie brachte die Heidelandschaft mit Ungeselligkeit in Verbindung.

Hermann Löns trägt nicht zu Unrecht den Beinamen „Heidedichter“. In vielen Liedern hat er die Landschaft besungen, in zahlreichen Geschichten beschrieben. In seinem Gedicht von den Nebelkrähen heißt es:

Ein graues Regenlaken hängt
Unsauber auf die Erde,
Ich stampfe durch das Heidekraut,
Unwirsch ist meine Gebärde.

Und er endet mit der Strophe:

Hier sitzt ein jeder eulenhaft
Auf seiner Ackerklause –
Du graue Krähe, flieg voran,
Zeig' mir den Weg nach Hause.

Maria Luise Weissmann beschreibt in „Kleines impromptu im Herbst“ den Zauber einer Heidelandschaft: *Dicht aber zu meinen Füßen – ich brauchte mich nur zu bücken – blühte die Erika, blühte sie brennend rot und betörend. Es war nur ein einzelner Busch, der, wohl als Same hierher verweht, zwischen den spitzen Steinen die Wurzeln zur Erde senkte, doch er verströmte die Röte einer unendlichen Heide. Er war vollendet; ich glaubte, niemals schönere Blüten gesehen zu haben, der betäubende Duft des Honigs schwebte zu mir empor.*

Himbeere

Die Pflanze:

Himbeeren *(Rubus idaeus)* gehören in die Gattung *Rubus* aus der Untergattung *Idaeobatus*. Der Strauch wird bis zu zwei Meter groß, die Ruten sind mit feinen Stacheln besetzt. Zwischen Mai und August bildet die Pflanze rispenförmige Blütenstände mit weißen Blüten mit fünf Kelch- und Kronblättern sowie über zwanzig Staub- und Fruchtblätter aus.

Die roten – es gibt auch gelbe oder schwarze Zuchtformen – weichen Früchte sind wie die Brombeere botanisch gesehen Sammelsteinfrüchte. Im Unterschied zur Brombeere ist die Frucht aber lose an den Blütenboden gebunden und kann leicht abgezogen werden.

Die wilde Himbeere ist im gemäßigten bis nördlichen Europa und in Westsibirien weit verbreitet. Eingebürgerte Vorkommen gibt es auch im östlichen Nordamerika, in Grönland und in Neuseeland.

Der Name:

Die Bezeichnung Himbeere ist aus ahd. *hintperi* entstanden. Hinte war eine Hirschkuh, deren Lieblingsspeise die roten Beeren gewesen sein sollen, wie die Altvorderen meinten. Himbeere ist mithin die Beere der Hirschkuh.

Das Grimmsche Wörterbuch vermerkt: *Strauch und frucht. ahd. hintperi, mhd. hint-ber, nach der allgemeinen annahme die beere, welche die hinde gern friszt. neben dieser noch lebenden ältesten form des wortes und der gewöhnlichen himbeere verzeichnet Nemnich … eine reihe volksmäsziger verstümmelungen: himbekbeere, hombeere, himmelbeere, himpelbeere, himpelbrem, himbrem. Auszerdem steht hynper für arciocida, wachholder.*

Zedler führt die „Himbeer“ als *Framboesia* in seinem Universallexikon, französisch *framboise.*

Die wissenschaftliche Bezeichnung *Rubus* ist vom lat. *ruber* (= rot) – man denke an Rubin – abgeleitet. Nach einer anderen Lesart wird das Wort mit dem indogermanischen *reub* (= reißen) wegen der Stacheln in Verbindung gebracht. Schon bei Dioskurides, der sich seinerseits auf den gut 150 Jahre älteren griechischen Arzt Krateus bezieht, findet sich die Bezeichnung *Rubus idaeus* in seinem etwa um 50 bis 68 n. Chr. entstandenen Buch „De materia medica“. Plinius verweist auf die Bezeichnung *Idaeus rubus,* die er aus dem Griechischen ins Lateinische übertrug.

Die Beifügung *idaeus* steht im Zusammenhang mit dem türkischen Ida-Gebirge in der Troas – und nicht mit dem Ida-Gebirge auf Kreta –, weil dort das Verbreitungsgebiet der Himbeere liegt

Andere im deutschen Sprachraum benutzte Namen neben den bereits von Grimm zitierten sind z.B. Ambas, Hohlbeere, Katzenbeere, Madebeere, Mollbeere oder Mutterbeere.

Die Nutzung:

Die wegen ihrer schmackhaften Früchte beliebte Gartenpflanze verfügt über einen hohen Vitamin-C-Gehalt, sowie über Kalium, Kalzium und Magnesium. Außerdem enthalten Himbeeren Vitamin A, Rutin und Biotin, das für Glanz und Fülle der Haare sorgt.

Am schmackhaftesten sind Himbeeren frisch vom Strauch gepflückt. Sie reifen übrigens nach der Ernte nicht nach. Verarbeitet werden sie zu Marmelade, Gelee und Kompott oder zu Saft.

Die Blätter enthalten Gerbstoffe, die gegen Durchfall helfen, aber auch bei Entzündungen der Mundschleimhäute. Gelegentlich sind sie wie Brombeerblätter ein Zusatz in Teemischungen für die Blutreinigung. Himbeeren waren bereits im Altertum als Heilpflanze bekannt. Im Mittelalter wurden sie vor allem in Klöstern kultiviert. Bereits 1601 hat Clusius zwischen roten und gelben Arten unterschieden.

Hildegard von Bingen schrieb, dass mit Himbeeren das Fieber zu bekämpfen ist und sie wegen der Süße ideal für Kinder sind. Zudem mache der hohe Gehalt an Pantothensäure den Kindern gute Laune. Sie helfen bei starken Menstruationsblutungen, stärken Haare, Haut, Nägel und als Himbeeressig das Herz. Himbeeressig wird gegen Halsschmerzen und Husten eingesetzt.

Viele Hebammen empfehlen, ab der 36. Schwangerschaftswoche täglich zwei bis drei Tassen Himbeerblättertee zu trinken. Das verringere die Blutung bei der Geburt und sorge für kürzere, weniger schmerzhafte Wehen; deshalb heißt die Himbeere auch Mutterbeere.

Im Zedlerschen Lexikon steht über die Himbeere außerdem: *Sie stärcket das Hertz und den Magen, befeuchtet, reiniget das Gebluet, machet reinen guten wohl-ruechenden Athem, und erfrischet. Die Blüthe ist gut zu entzündeten Augen, zur Rose, zur Stärckung des Magens… Sie sind gut zum Gurgel-Wasser, zu boesen Hälsen und Zahn-Fleisch.*

Ausführlich zitiert Zedler in dem Artikel Adam Olearius' Beschreibung, wie man *in Moscau Himbeer-Meth bereitet.* Man gebe die reifen Früchte in ein Fass mit Wasser, lasse sie zwei bis drei Tage stehen und rühre Honig hinein. *Endlich wirfft man ein Schnittlein geröstete Semmel, mit ein wenig Hefen oder Bier-Gescht bestrichen hinein, und wenn es beginnt zu gähren, muß man das Brodt wieder herausnehmen. Danach lässt man es vier oder fünf Tage gähren.* Man kann dann noch *Näglein, Cardamome und Zimmet in einem Tüchlein darein* geben, um den Geschmack zu verbessern. Nach acht Tagen muss das Gebräu kühl gestellt werden, damit es nicht weiter gärt.

Die Legende:

Henri Leclerc, Arzt und Begründer der Phytotherapie, deutete die Herkunft des Artepithetons in seinem Buch „Les fruits de France" um. Die Nymphe Ida hätte Pate gestanden für den Artnamen *idaeus*. Ida, die Tochter des kretischen Königs Melissos, habe den Göttervater Zeus, als er noch ein Knabe war, schreiend in den Bergen gefunden. Sie wollte das Kind beruhigen und ihm zum Trost Himbeeren pflücken. Dabei habe sie sich mit der Brust an einem Dorn verletzt. Ihr Blut tropfte auf die damals noch weißen Beeren und färbte sie für immer rot.

In „Schloß Guse", dem zweiten Band seines Romans „Vor dem Sturm", lässt Theodor Fontane den jungen Scharwenka erzählen: *„Ja, Maline! Sie ist nicht so schlimm wie die Eve, aber eitel und hochmütig ist sie auch. Und seit Martini, wo der alte Justizrat hier war und zu ihr sagte: ‚Maline sei ein wendisches Wort und heiße Himbeere, und sie heiße nicht bloß so, sie sei auch eine', seit diesem Tage ist mit ihr kein Auskommen mehr."* Malina ist polnisch und bedeutet Himbeere.

Manche Muttermale haben eine Oberfläche, die einer Himbeere ähnelt. Davon ist unter anderem auch in dem Grimmschen Märchen „Der König vom goldenen Berg" die Rede, in dem die Eltern ihren verloren geglaubten Sohn an einem solchen Zeichen wiedererkennen. *„Ja", sagte die Mutter, „unser Sohn hatte eine Himbeere unter dem rechten Arm." Er streifte das Hemd zurück, da sahen sie die Himbeere unter seinem rechten Arm und zweifelten nicht mehr, dass es ihr Sohn wäre.*

Eine ähnliche Variante erzählt Ulrich Jahn in seinem Märchen „Die Königin vom Tiefland". Auch hier erkennen die Eltern eines verloren geglaubten Kindes einen scheinbar Fremden an einer solchen Himbeere. Die Mutter erzählt: *„Er hatte eine Himbeere an der linken Brust, denn als ich ihn unter dem Herzen trug, überkam mich ein großes Verlangen nach dieser Frucht; und wie ich mich beugte über den Strauch, um von den Beeren zu naschen, fuhr eine Maus hervor. Darüber erschrak ich mich und griff nach der Brust, und als das Kind geboren wurde, trug es ein Mal an derselben Stelle, just so gestaltet, wie eine Himbeere."*

Ein verhextes Pferd sollte sich bändigen lassen, sagt ein alter Volksglaube, wenn man ihm einen Zweig der wilden Himbeere um den Leib bindet. Und: Wie die Himbeeren reifen, so reift auch das Korn.

Holunder

Die Pflanze:

Der Schwarze Holunder *(Sambucus nigra)* ist ein bis zu elf Meter hoher, stark verzweigter Strauch aus der Gattung Holunder *(Sambucus)*. Er ist der in Mitteleuropa am häufigsten vorkommende Strauch und kann bis zu 20 Jahre alt werden. Ebenfalls anzutreffen ist er in Westsibirien, im Kaukasus, in Kleinasien und Nordafrika.

Die dickeren Äste des Flachwurzlers und der Stamm haben eine längsgefurchte, graubraune, korkartige Borke. Die meist aus fünf oder sieben Einzelblättern bestehenden elliptischen Blattfiedern erreichen eine Länge von 30 Zentimetern und sind am Rand gesägt.

Ab Mai bis in den Juli erscheinen am jungen Holz die großen, flachen Schirmrispen aus vielen Einzelblüten. Ihr frischer, fruchtiger Duft ist unverwechselbar und typisch für den Holunder. In den Monaten August/September reifen die anfangs roten, später schwarzen Beeren, auch Fliederbeeren genannt, die im eigentlichen Sinne keine Beeren, sondern Steinfrüchte sind. Die Früchte werden vor allem durch Vögel verbreitet.

Der Name:

Ursprünglich nannte man den Strauch Fliederbusch, die Früchte Fliederbeeren. Die Herkunft des Namens ist nicht ganz sicher. Er taucht bereits im ahd. als *hóluntar* auf. Möglicherweise ist der erste Wortteil von der germanischen Göttin Holla (Frau Holle) abgeleitet, die Endung *–der* geht demnach auf das germanische Baumnamensuffix *–dr(a)* zurück. Die Bezeichnung Holunder ist auf das deutsche Sprachgebiet beschränkt. Nebenformen für Holunder sind Holler(busch) oder Holder. Bei Hans Sachs nennt eine Frau ihren Mann „lieben Hollerstock".

Eine andere Lesart meint Holder für germanisch „Bruchholz" und *dar* für Baum. Das Grimmsche Wörterbuch lehnt das Wort an hohl an, weil das Innere der älteren Äste hohl ist: *deutlich an* hohl *cavus angelehnt, obschon die ganze bildung des wortes noch nicht ins klare gestellt ist.*

Andere der vielen im deutschen Sprachraum gebräuchlichen Namen sind u.a.: Achenstaudenblüten, Alhorn, Backholerblüten, Betscheletee, El(l)horn, Eller, Fledder, Fleeder, Fleer, Flieder, Flidder, Flier, Haler, Helder, Hitschschel, Holder, Holderbusch, Holderknopf, Hol(l)er, Huler, Ke(i)lken, Kisseke, Marterblumen, Muckelholz, Pisseke, Quebeke, Quewwete, Reckholder, Schebeke, Schetschke, Schi(r)bike, Schiwicken, Schotschke, Schwarzholder, Schwitztee, Zibke, Zickenblüten oder Zwebstblüten.

In der Gegend um Weimar heißt der Holunder auch Quewweten. Der Name soll vom lat. *quec* (lebendig) und dem germanischen *wede* für Holz abgeleitet sein, also Lebensbaum bedeuten. Ähnlich lautet der Name im Schlesischen: Quebeken. Schibicken (Erzgebirge), Schotschken (Anhalt), Zibken (Schlesien) kommen vom niederdeutschen Wort für Schaf, weil Schafe gern Holunderblätter fressen. Im Bergischen kennt man die Bezeichnung Büchsenholz, weil sich die Kinder aus den ausgehöhlten Ästen Knall- oder Klappbüchsen machten. Muckelholz geht zurück auf das Mark. In Ostfriesland, Hannover und Braunschweig sagt man Keilkenbaum, weil seine Früchte (Keilken, Kelken) gegen Kolik helfen.

Der Name *Sambucus* geht entweder auf das griech. *sambyx* (rot) oder *sambyke* (Harfe) zurück. Im alten Griechenland baute man aus Holunderholz eine dreieckige Harfe. Die Beifügung *nigra* (lat. *niger, nigra* für schwarz) bezieht sich auf die Farbe der ausgereiften Früchte bzw. auf die ihres Saftes.

Die Nutzung:

Holundersaft und Holunderbeeren, aber auch Tee aus Rinde oder Blütenständen sind vorzügliche Hausmittel gegen Erkältung, Nieren- und Blasenleiden. Holunder enthält in den Blüten und Früchten Vitamin B und C, Fruchtsäuren und ätherische Öle, Flavonoide und das farbgebende Anthocyan. Dieses Antioxidans schützt die Zellmembranen vor Veränderungen durch freie Radikale und verlangsamt den Alterungsprozess der Pflanzenzellen ebenso wie den der Zellen des menschlichen Konsumenten. Die ätherischen Öle wirken leicht schweißtreibend und schleimlösend. Holundertee wird bei Magenbeschwerden in der Hausmedizin erfolgreich angewandt.

Albertus Magnus empfahl Holunderrinde als Abführ- und Brechmittel. Will man die Rinde als Abführmittel verwenden, muss man sie von oben nach unten abschaben, als Brechmittel von unten nach oben. *Schneidet man diesen im abgänden mond, kocht ihn und trinkt darab, so wirkt er nitsig* [nach unten hin], *schneidet man ihn im wachsenden mond, treibt er obsig* [nach oben hin], steht bei Jeremias Gotthelf.

Holunder spielt auch in der menschlichen Ernährung eine Rolle. Als bekannteste Zubereitungsform kennt man ausgebackene Holunderblüten (Hollerküchel, Holunderpfannekuchen, Holunderküchle oder Hollerschöberl). Die schwach giftigen Beeren können erst nach Erhitzen ohne Bedenken verzehrt werden. Die verbreitetste Verarbeitung ist Gelee oder Mus. In Norddeutschland kocht man aus den Beeren eine Fliederbeersuppe. Ebenfalls in Norddeutschland ist die Verwendung des eingedickten Saftes aus den Früchten in Grog üblich. Der Fruchtsaft ist sehr herb. Deshalb wird er häufig mit Apfelsaft oder anderen süßen Säften gemischt. Selbst ein schmackhafter „Sekt" lässt sich aus Holunderblüten zubereiten.

Mit Sambucyanin wurden früher Haare und Leder, aber auch Rotwein gefärbt. Die Lebensmittelindustrie verwendet den Farbstoff für Süßigkeiten oder Molkereiprodukte. Auch in der Textilindustrie wird Sambucyanin eingesetzt.

Die Legende:

Um den Holunder ranken sich zahlreiche Mythen und Legenden. Bei den Kelten war der *Ruis die Holde* ein heiliger Baum und hieß „Baum des dreizehnten Mondes". Kinderwiegen durften nicht aus Holunderholz sein, denn die Baumnymphe oder Dryade Hylde Moer (besser bekannt als Frau Holle) würde das Kind so lange an den Beinen ziehen, bis man es herausnähme. Es galt auch der Glaube, dass ein mit einem Holunderholz geschlagenes Kind aufhöre zu wachsen.

Die Dänen glaubten, man könne die Königin der Feen mit ihrem ganzen Gefolge vorbeireiten sehen, wenn man sich in der Mittsommernacht unter einen Holunderbaum stellt. In russischen Volksmärchen werden die bösen Geister mit Holunderzweigen vertrieben. Auf Sizilien behauptete man, dass der Baum Schlangen töte und Räuber vertreibe. Wächst Holunder in der Nähe von Ställen oder Gehöften, schützt er das Vieh vor bösen Geistern und die Familie vor Feuer, Seuchen und Verhexung.

Am Johannistag, schreibt Franz Söhns, *dürfen in keinem Haus die Hollerkügelchen (in Schmalz gebackene Blüten mitsamt dem Stengel) fehlen, es gäbe sonst eitel Unfriede … die Hollerblüten werden in der zwölften Stunde der Nacht gepflückt.*

Mit der Christianisierung wurde aus Frau Holle ein Spukgeist. In der vorchristlichen Zeit war es streng verboten, einen Holunderstrauch zu beschädigen oder gar zu fällen. Um diese heidnische Verehrung auszutreiben, soll sich Judas Ischariot nach dem Verrat an Jesus an einem Holderbaum erhängt haben. Der Holunder stand laut christlicher Deutung für Sünde und Scheinheiligkeit.

Im Volksglauben aber hielt sich die Verehrung für den Strauch. Nach einer alten Sage antworteten zwei hochbetagte Greise auf die Frage, was der Grund ihres ungewöhnlichen Alters sei: „Dass wir so alt geworden sind, kommt daher, weil wir alle Jahre regelmäßig Holunderbeermus gegessen haben."

Der Hollerstock war ein häufiger Treffpunkt für Liebespaare. „Zu Johannis blüht der Holler, da wird die Lieb' noch toller", wusste der Volksmund.

Hopfen

Die Pflanze:

Echter Hopfen *(Humulus lupulus)* gehört zur Familie der Hanfgewächse *(Cannabaceae)*. Die Wildform wächst häufig an stickstoffreichen Standorten mit höherer Bodenfeuchte (Auwälder, Waldränder). Hopfen treibt aus einem dicken Wurzelstock aus. Seine oberirdischen Triebe sind einjährig und sterben nach der Samenreife ab. Die schnell wachsende Kletterpflanze windet sich im Uhrzeigersinn an Bäumen und stabilen Gehölzen aufwärts. Die Wildform erreicht eine Höhe von zwei bis sechs Meter. Wo der Hopfen landwirtschaftlich angebaut wird, rankt er sich an bis zu sieben Meter hohen Gestellen empor. Der männliche Blütenstand ist eine Rispe, der weibliche eine zapfenartig, grün-gelbe Ähre. Die Nussfrüchte sind breit eiförmig. Blätter und Stängel wachsen jedes Jahr neu, nur die Wurzeln überwintern. Im Juli und August blüht der Hopfen.

Der Name:

Der auf das deutsche und niederländische Sprachgebiet beschränkte Name Hopfen ist erst im 11./12. Jahrhundert nachgewiesen. Die Pflanze selbst ist vermutlich im 8. Jahrhundert durch die Slawen nach Mitteleuropa gekommen. Hopfen, ahd. *hopfo,* gehört laut Duden-Herkunftswörterbuch *wahrscheinlich zu der Sippe von schweizerisch Huppen, „buschige Quaste", Huppi knollen- oder kugelförmiger Auswuchs"* und bezog sich ursprünglich nur auf die weiblichen Zapfen.

Der Name *Humulus* ist eine latinisierte Ableitung des slawischen Wortes *Chmel* (= Hopfen) und über ahd. *hopfo,* mhd. *hoppe* zum heute gebräuchlichen Hopfen geworden. In England sagt man *hop,* in Frankreich wird Hopfen mit *houblon* übersetzt, auf spanisch heißt er *lúpulo.*

Die Beifügung *lupulus* ist eine Verkleinerungsform des lateinischen Wortes *lupus* (= Wolf) und bezieht sich auf die „pflanzenwürgende Eigenschaft" des Hopfens.

Die Nutzung:

Hopfen ist den meisten Menschen durch seine Verwendung beim Bierbrauen bekannt, wofür vorher Eichenrinde, Gagel, Porsch und Schafgarbe gebraucht wurden. Fehlt der Hopfen, ist sprichwörtlich Hopfen und Malz verloren. *Denn oft ist malz und hopfen, / an so viel armen tropfen, / so viel verkehrten thoren, / und alle müh verloren,* lesen wir bei Goethe.

Der Sachsenspiegel rät: *Vlichtet der hopphe uber den zûn, swer die worzeln in deme hofe hât, der grîfe deme zûne sô he nêste müge, und zîhe den hopphen.*

Der Hopfen, von dem nur die weiblichen Fruchtzapfen verwendet werden, gibt dem Bier das notwendige Aroma und den frisch-herben Geschmack. Außerdem sorgt er für die Haltbarkeit des Getränks. Das gehopfte Bier ist eine Erfindung der Mönche. Und weil die Wirkung nicht nur eine Ermüdung, sondern auch eine Dämpfung der Sinneslust zur Folge hatte, trug der Hopfen bald den Beinamen eines Erotiktöters.

Der Ertrag einer durchschnittlichen Hopfenpflanze von etwa 450 g Trockenhopfen reicht für 650 Liter Bier. Außerdem wird der Hopfen als Geschmacksbereicherung für einige Liköre und Schnäpse eingesetzt.

Die Hopfenzapfen werden als leichtes Einschlaf- und Beruhigungsmittel genutzt. Im Handel sind Extrakte und Fertigarzneimittel oft im Gemisch mit anderen pflanzlichen Sedativa zu haben. Es ist noch nicht vollständig geklärt, welche Inhaltsstoffe für die Wirkung verantwortlich sind. Vorrangig dürften es die Bitterstoffe des Hopfens sein, aus denen bei der Lagerung und Verarbeitung oxidativ Methylbutenol entsteht. Neben den Bitterstoffen enthält die Pflanze auch Gerbstoffe, Eiweiß und Mineralstoffe.

Hopfen enthält verschiedene Wirkstoffe wie Lupulon, Humulon, Linalool, ätherische Öle, Labolit, Harze, Gerbstoffe, Hopfenbittersäure sowie östrogenartige Pflanzenhormone. Die schlaffördernde Wirkung des Hopfens geriet nach den frühmittelalterlichen Klosterkulturen in Vergessenheit und wurde erst im 18. Jahrhundert wiederentdeckt. Dazu trug auch die Heilung der Schlafstörungen des englischen Königs Georg III. durch Hopfentee bei.

Hufeland setzte Hopfen bei Verdauungsstörungen und zur Beruhigung der Nerven ein. Johann Christian August Clarus empfahl in seinem „Handbuch der speziellen Arzneimittel“ Hopfen gegen Appetitlosigkeit, bei Magenkatarrhen, für die Magenschleimhaut und bei Schlaflosigkeit. Auch Paracelsus verwies auf die beruhigende Wirkung des Hopfens.

Die Bitterstoffe stimulieren die Magensaftsekretion. Hopfen wird in der Volksheilkunde bei Appetitlosigkeit und Verdauungsbeschwerden als Tee eingesetzt.

Früher hat man in den Bibliotheken Hopfenpflanzen als Schutz vor Feuchtigkeit und Ungeziefer hinter die Bücher gelegt. Sie regulieren die Luftfeuchtigkeit. Die ätherischen Öle hielten Insekten fern. Die Dolden mussten alle paar Jahre ausgewechselt werden.

Seit einigen Jahren wird auch wieder Hopfenspargel geerntet. Abhängig von der Witterung werden in den Monaten März und April die weißen, frisch ausgetriebenen Sprösslinge des Hopfens ausgegraben und regional als Spezialität angeboten. Die kurze Erntezeit und die in Handarbeit erfolgende Ernte machen Hopfenspargel zu einer der teuersten in Deutschland angebauten Gemüsesorten. Man benötigt für 100 Gramm Hopfenspargel etwa zehn Pflanzen.

Die Legende:

In den Aufzeichnungen von Karl Bartsch steht: *Der gemeine Mann hält für verwerflich, manche Arbeit am Donnerstag vorzunehmen, so beim Hopfen, sonst werde Nesselhopfen daraus.* Unter Nesselhopfen verstand man den so genannten tauben Hopfen.

Adalbert Kuhn erzählt von einem Aberglauben, dem man zum Beispiel *in Klumpbeuern auf dem Solling, wie überhaupt in der ganzen Gegend zwischen Adelepsen und Minden* anhing. *Hopfen grüne in der Weihnacht und komme selbst unter dem tiefsten Schnee hervor, nachher jedoch sei nichts mehr davon zu sehen.*

Johann Georg Grässe erzählt, wie eine erheuchelte Krankheit von Gott bestraft wurde: *In der Stadt Rochlitz lebte zu Anfange des 16. Jahrhunderts ein Leinweber, der einst auf einem Dorfe Hopfen gekauft hatte. Damit nun desto mehr von demselben in den Scheffel gehen und er den Bauer betrügen möchte, fiel er plötzlich in den Hopfen, warf sich in demselben eine gute Weile hin und her und stellte sich, als ob er die schwere Krankheit (Epilepsie) habe. Den hat Gott hernach gestraft, daß er vor seinem Ende die Krankheit wirklich bekam und daran sterben mußte.*

In den Aufzeichnungen von Theodor Fontane aus seiner Heimat über die Buckower Hopfenbauern findet sich folgende Passage: *Sie gewannen jährlich weit über tausend Wispel und der Buckower Hopfen war es, der dem Bernauer Bier zu seinem Ruhme half. Noch gibt es Hopfengärten in Buckow, aber ihre Bedeutung für die Stadt ist hin und die überall siegreiche Kartoffel erobert auch hier das Terrain.* (1 Wispel = 13,482 hl.)

Der Spruch, dass in einer Sache oder bezogen auf eine Person Hopfen und Malz verloren sei, wenn so gar keine Aussicht auf Besserung zum Guten hin bestand, zieht sich durch die gesamte deutsche Literatur seit dem Mittelalter und ist im täglichen Sprachgebrauch ein geflügeltes Wort. Dazu kann auch August von Kotzebue zitiert werden:

Doch Männer sind ganz unverbesserlich geboren,
an ihnen ist der Hopfen wie das Malz verloren.

Kastanie

Die Pflanze:

Die Kastanien *(Castanea)* sind eine Pflanzengattung in der Familie der Buchengewächse *(Fagaceae).* Rund zwölf Arten werden dieser Gattung in Nordamerika, Europa und Asien zugerechnet. In Europa wird die Gewöhnliche Rosskastanie *(Aesculus hippocastanum)* häufig als Park- und Alleebaum angepflanzt. Die aus Südeuropa stammende Rosskastanie wird seit etwa 400 Jahren in Mitteleuropa angebaut.

Die kugelige Fruchtkapsel enthält häufig nur einen Samen. Das Fruchtgehäuse der Rosskastanie ist stachelig. Die Samen sind zwei bis sieben Zentimeter groß, ihre Schale braun mit einem großen blassen Nabel. Ist die Kapsel reif, fällt sie vom Baum und platzt, so dass die Kastanien herausrollen.

Rosskastanien können bis zu 30 Meter groß und gut 1000 Jahre alt werden. Die auffälligen doppelt gesägten Blätter, die sich aus fünf bis sieben Einzelblättern wie Finger einer Hand zusammensetzen, werden bis zu 20 Zentimer lang und zehn Zentimeter breit. Auch der Blattstiel erreicht diese Länge. Der Baum des Jahres 2005 bevorzugt sandigen bis lehmigen Boden, Sonne und lichten Schatten.

Der Name:

Das sowohl den Baum als auch die Frucht bezeichnende Wort Kastanie kommt über das Lateinische aus dem Griechischen. Die Griechen nannten den Baum *kástanon* und die Frucht *kastáneia.* Durch die Römer gelangte das lateinische *castinea* in den germanischen Westen und wurde dort zu ahd. *chestin(n)a,* mhd. *kesten(e).* Die heute übliche Form Kastanie hat Martin Luther wieder aus dem Lateinischen verdeutscht.

Im süddeutschen und südwestdeutschen Raum kennt man die Bezeichnung Kästen (Kesten). Daher nennt man auch heute noch eine hornige Warze am inneren Schenkel über dem Knie eines Pferdes, die wie eine Kastanie aussieht, Keste. Hans Sachs schrieb vom Kystenbaum.

Das Wort Marone für die essbare Kastanie wurde um 1600 nach dem gleichbedeutenden französischen Wort *maron* übernommen. Das in der Schweiz und in Bayern gebräuchliche Marre ist etwa zur gleichen Zeit aus dem italienischen Wort *marrone* gebildet worden. Die Herkunft des romanischen Wortes ist ungewiss.

Der Name *Aesculus* wurde von Linné auf die Rosskastanien übertragen. Das lateinische Wort *aesculus* bezeichnete eine Eiche, die Jupiter heilig war, auf Bergen stand, von hohem Wuchs und festem Holz war. Das Wort bezog sich möglicherweise auf die Traubeneiche *(Quercus petraea)*. Aesculus ist eigentlich die immergrüne Wintereiche. *Hippocastanum* (griech. *hippos* = Pferd) bedeutet Pferde- bzw. Rosskastanie.

Die Nutzung:

Im Gegensatz zur essbaren Marone ist die Gemeine Kastanie für den Menschen ungenießbar. Sie wurde aber häufig dem Viehfutter, besonders für kranke Pferde, gegen Husten und Wurmerkrankungen beigemischt und hat daher ihren Namen Rosskastanie. Die Früchte enthalten ähnlich der Kartoffel sehr viel Stärke. In Notzeiten wurde aus Kastanien ein Mehl hergestellt, welches als Kaffeeersatz diente.

Früher steckten sich Menschen, die an Gicht oder Rückenschmerzen litten, zur Linderung ihrer Schmerzen Kastanien in die Tasche – daher auch die Bezeichnung „Gichtbaum". In der modernen Medizin werden die Wirkstoffe für Medikamente gegen Krampfadern und Venenentzündung genutzt, um die Durchblutung zu verbessern und die Spannkraft des gesamten Venensystems zu erhöhen. Für ein Entspannungsbad kann man etwa zwei Kilo Kastanien abkochen, durchseihen und dem Wasser zufügen. Aus Blättern, Rinde und Blüten lässt sich ein entspannend wirkender Tee zubereiten.

Anwendung finden Kastanienextrakte auch in der kosmetischen Industrie oder bei der Herstellung einer Gletschersalbe gegen Sonnenbrand. Selbst zur Herstellung von Schnupftabak und Seifenpulver sind Kastanien geeignet. Kastanienholz wird auch im Schiffbau verwendet.

Um 1560 hat der kaiserliche Gesandte an der Hohen Pforte, Ogier Ghiselin de Busbeck, die Rosskastanie aus der Türkei in Wien heimisch gemacht. Seither ist der Baum als Schattenspender in Parks und an Alleen oder in Biergärten sehr beliebt, wenn auch die Blätter der weißblühenden Kastanien durch den Befall von Moniermotten früh unansehnlich werden und schon im September abfallen.

Das Holz hat einen auffälligen Farbkern, ist aber wegen seiner ungünstigen Verarbeitungseigenschaften und des häufigen Drehwuchses wirtschaftlich fast bedeutungslos. Für Möbel, Schnitzarbeiten, Obstkisten, orthopädische Geräte und im Spielzeugbau findet es gelegentlich Verwendung.

Die Edelkastanie oder Marone stammt ursprünglich aus dem Schwarzmeerraum. Ihre Früchte kann man zu Mehl verarbeiten oder gekocht als Gemüse servieren. Maronen sind sehr mineralstoffreich und enthalten viele Vitamine und Eiweiß. Sie gelten als Delikatesse. Im Mittelalter wurden die Maronen als Wintervorrat angelegt. Man nannte sie auch das „Brot der Armen".

Die Legende:

Der flämische Arzt Quakleben hat 1557 die Rosskastanie in einem Brief aus Konstantinopel an Pietro Andrea Mattioli (Matthiolus) zum ersten Mal erwähnt. Zur Zeit Ludwig XIV. wurde die Kastanie als Repräsentationsbaum königlicher Macht in Alleen und Parks angepflanzt.

In der ursprünglichen Heimat der Kastanie rund ums Mittelmeer findet man auch heute noch kleine Kastanienwälder. Wegen des hohen Alters und des reichen Kaloriengehaltes der Früchte erfuhr der Baum kultische Verehrung als „Zeuseiche". Die Kastanie war Sinnbild für Lebenskraft, Fruchtbarkeit und männliche Potenz. Die Griechen kannten die Wirkung einer Einreibung des Penis' mit Weinbrand-Essenz aus Kastanienblüten zur Stärkung der Manneskraft dank kräftigerer Durchblutung des „besten Stückes".

Gemäß der Logik christlicher Umdeutung alter Bräuche und Glaubensvorstellungen wurde die von einer stachligen Schale umhüllte Frucht der Kastanie Zeichen der Tugend, der Keuschheit und der unbefleckten Empfängnis Marias. Weil der Baum auch nach einem radikalen Rückschnitt wieder gut austreibt, deutete man ihn als Gleichnis auf die Wiederauferstehung Christi.

„Ja ja, mein Äffchen, ich merk es schon, du willst die Kastanien aus der Asche haben und brauchst Katzenpfoten dazu", lesen wir bei Lessing. Diese sprichwörtliche Redensart folgt einer Fabel, in der die Katze von einem Affen angestellt wird, *von den eszbaren kastanien die in heiszer asche … geröstet werden,* [sie] *noch heisz herauszunehmen sind. Daher ich soll für dich die kastanien aus der asche (aus dem feuer) holen, die gefahr haben zu deinem genusz; er weisz wie man die castanien aus den kohlen nimmt.*

Eduard Mörike findet in seinem Gedicht „Der Park" folgenden poetischen Vergleich:

Sieh, der Kastanie kindliches Laub hängt noch wie der feuchte
Flügel des Papillons, wenn er die Hülle verließ.

„Schwarzschattende Kastanie" betitelt Conrad Ferdinand Meyer ein Gedicht, in dem es heißt:

Schwarzschattende Kastanie,
Mein windgeregtes Sommerzelt,
Du senkst zur Flut dein weit Geäst,
Dein Laub, es durstet und es trinkt,
Schwarzschattende Kastanie!

Kiefer

Die Pflanze:

Die auf der Nordhalbkugel in kühl-feuchtem Klima heimische Waldkiefer *(Pinus sylvestris)* gehört in die Gattung der Nadelholzgewächse *(Pinophyta)* innerhalb der Familie Kieferngewächse *(Pinaceae)*. Sie ist die einzige ihrer Art der Unterfamilie *Pinoideae*. Die meisten Kiefern sind immergrüne Lichtbaumarten, einige auch Sträucher. Sie verströmen einen aromatischen Duft und erreichen Wuchshöhen von 50 bis 60 Meter bei einem Alter bis zu eintausend Jahren.

Die Nadelblätter sind im Vergleich zu anderen Nadelbaumgattungen besonders lang. Kiefern sind meist einhäusig getrenntgeschlechtlich, haben also männliche und weibliche Zapfen an einem Baum. Die Samen sind oft leicht, geflügelt und werden durch den Wind verbreitet.

Der Name:

Das seit dem 15. Jahrhundert bekannte Wort Kiefer entstand aus Kien (harzreiches Holz) und dem schon früher in vielen europäischen Sprachen ähnlich lautendem Wort Föhre. Als ältestes schriftliches Zeugnis gilt die Bibelübersetzung von Martin Luther, wo es bei Jesaia heißt: *…ich will in der Wüste geben Zedern, Akazien, Myrten und Kiefern.*

Das vor allem im norddeutschen Raum noch heute gebräuchliche Wort *Föhre* geht auf mhd. *vorhe,* ahd. *fora[h]a* zurück. Dem Wort liegt wahrscheinlich das indogermanische *perkuu-s* zugrunde, im Lateinischen als *quercus* für Eiche gebildet. Nach anderer Lesart wird das Wort Föhre mit Feuer in Verbindung gebracht, weil das kienreiche Holz besonders gut brennt. In Süddeutschland benutzt man die verkleinernde Bezeichnung *Forle,* den Schmetterlingskennern in der Bezeichnung *Forleule* geläufig.

Der botanische Name *Pinus* ist der lateinische Pflanzenname für Pinie, die Mittelmeer- oder Schirmkiefer *(Pinus pinea)*. Der Artname *sylvestris* deutet auf den Lebensraum des Baumes hin. Auf lateinisch heißt der Wald *silva.*

Die Nutzung:

Die Waldkiefer wird in Europa häufig zur Gewinnung von Bau- und Industrieholz in plantagenartigen Monokulturen angepflanzt. Nach einer Wachstumszeit von 80 bis 140 Jahren und dem Erreichen einer Zielstärke von etwa 35 bis 40 Zentimeter Brusthöhendurchmesser werden die Bäume meistens nach dem Schirmhiebverfahren geerntet, bei dem eine gleichmäßige Entnahme von Stämmen erfolgt. Unter den verbleibenden lockeren Schirm werden dann Laubbäume gepflanzt, die später den Folgewald bilden sollen.

Waldkiefern werden als Bau- und Gartenholz, für Möbel, Massivholzdielen, Hobeldielen, Profilholz und Leisten genutzt.

Aus Kiefernharz werden Terpentinöl und Kolophonium gewonnen. In Deutschland ist die so genannte Pecherei nicht mehr üblich.

Aus frischen Nadeln oder Zweigspitzen wird das ätherische Kiefernnadelöl *(Oleum pini silvestris)* destilliert und als schleimlösendes Mittel bei Bronchitis verwendet. Kiefernölextrakte werden als Duft- und Massageöle, Badezusatz, Saunaaufgüsse und innerlich (Inhalation) gegen Erkältungskrankheiten und Halsbeschwerden angeraten, für Letzteres kann man auch Kieferntee aufgießen. Einreibungen mit Kiefern-Franzbranntwein helfen bei Glieder-, Gelenk- oder Muskelschmerzen, Prellungen und Verstauchungen.

Terpentinöl wirkt hautreizend, antiseptisch und wird deshalb zu Einreibungen bei rheumatischen Erkrankungen genutzt.

Die Samen der Waldkiefer sind ungenießbar, dagegen die von Pinie und Zirbelkiefer ebenso nahr- wie schmackhaft.

Das harzreiche, weiche Holz der Kiefer findet Verwendung als Bauholz, wenn es nicht zu sehr mit Ästen durchsetzt ist, und eignet sich auch für den Boots- und Wasserbau. Im Mittelalter diente es zur Beleuchtung als Kienspan. Die Wurzeln fanden Verwendung zum Herstellen von Pech, als Bindematerial und zum schwarz Färben von Leder.

Blattläuse, die an den Nadeln saugen, liefern mit ihren Ausscheidungen einen schmackhaften Kiefernhonig. Von einer großen Kiefer kann man mehrere Kilogramm Honig pro Jahr gewinnen.

Die Legende:

Die griechische Mythologie kennt die Sage vom stürmischen Nordwind Borea und dem Waldgott Pan, die gleichzeitig um die Nymphe Pitys buhlten. Weil sie Pan den Vorzug gab, fegte sie Boreas über die Felsen. Pan fand Pitys tot am Fuße des Berges und verzauberte sie in eine Schwarzkiefer. Weht der Nordwind, weint Pitys harzige Tränen, heißt es.

Brennende Kienspäne lieferten Licht in dunklen Räumen oder bei Nacht. Sie verströmten einen intensiven harzigen Duft, der Hexen und den Teufel vertreiben sollte.

Alexander Schöppner berichtet von einem Brauch der Holzfäller im Fichtelgebirge, die mit sechs Axthieben drei Kreuze auf den Stumpf einer gefällten Kiefer schlugen, um sich gefeit zu machen. *Wenn nun das wilde Heer kommt, flüchten sich die Waldmännlein und Waldweiblein, sowie auch die Seelen erschlagener oder verunglückter Leute, die im Walde irren müssen, auf diese Plätze, wo sie dann vor jeder Beschwerde und Nachstellung der bösen Geister gesichert sind.* Die Waldmännlein und -weiblein bedanken sich, indem sie die Holzfäller bei Nacht und Dunkelheit sicher geleiten und sie Hirsch- oder Rehgeweihe finden lassen.

Peter Rosegger beschreibt in seiner Erzählung „Im Felsentale", wie die Kiefer die Berghänge hinanklettert, denn *sie will wissen, wie es da oben aussieht bei dem Edelweiß, bei den Alpenrosen, bei den Gemsen, und wie weit es noch hinauf ist bis zum Schnee. Aber die gute Kiefer ist dich keine Tochter der Alpen, balde faßt sie der Schwindel und sie bückt sich angstvoll zusammen und kriecht mühsam auf den Knien hinan, mit ihren geschlungenen, verkrüppelten Armen immer weiter vorgreifend und rankend, die Zapfenköpfchen neugierig emporreckend, bis sie letztlich in den feuchten Schleier des Nebels kommt und in demselben planlos umherirrt zwischen dem Gestein.*

Bis zu 2000 Meter hinauf wächst die anspruchslose Kiefer. Aber so widerstandsfähig sie in der Gemeinschaft mit anderen ist –, allein kann sie Stürme und Unwetter kaum überleben. Dieser Beobachtung liegt ein Rat für Einzelgänger in der „Edda" zugrunde, wo es heißt: *Die Föhre dort, steht sie frei auf dem Berg / nicht schützt sie Borke noch Blatt; / so ist's mit dem Mann, den alle meiden / was lebt er länger noch?*

Chinesen ordnen einzeln stehenden Kiefern das „männliche Prinzip" zu und vergleichen ihre Anpassungsfähigkeit für die jeweils gegebene Lebenslage, darunter Beständigkeit, Treue und ein hohes Alter.

Vertreter des Taoismus, die häufig als Eremiten in den Bergen lebten, gewannen aus Kiefernzapfen ihre Unsterblichkeitselixiere.

Als der japanische Kaiser 1945 die Kapitulationsurkunde unterschreiben musste, zeichnete er eine Kiefer für sein Volk. Die Botschaft war eindeutig: Ausharren, standhaft bleiben, überleben.

Schon in der griechischen Mythologie kommt die Kiefer vor. Rhea, die Mutter des Göttervaters Zeus, hatte die Kiefer geliebt, die die Verbindung zwischen Himmel und – dank ihrer tief wachsenden Pfahlwurzel – Erde versinnbildlichte.

Der Zauberer Merlin erklomm am Quellenheiligtum von Barenton die heilige Kiefer, um in ihrem Wipfel sein „Glashaus" zu beziehen, wo er zum „Meister des Lebens" reifte.

Fontane schrieb das Gedicht „Mittag", in dessen erster Strophe es heißt: *Am Waldessaume träumt die Föhre, / Am Himmel weiße Wölkchen nur…*

(Sauer-)Kirsche

Die Pflanze:

Die Kirsche gehört in die Familie der Rosengewächse *(Rosaceae)*. Dazu zählen die Vogel- oder Süßkirsche *(Prunus avium)* als Wild- und Kulturform, die Sauerkirsche *(Prunus cerasus)*, die Schattenmorelle als eine Sorte der Sauerkirsche, die Spätblühende Traubenkirsche oder Amerikanische Kirsche *(Prunus serotina)*, die Japanische Blütenkirsche *(Prunus serrulata)* und die Gewöhnliche Traubenkirsche *(Prunus padus)*.

Die Vogel- oder Süßkirsche erreicht Wuchshöhen von 15 bis 20, selten bis zu 30 Meter. Die Rinde junger Zweige ist zunächst grün, kahl, glatt, lederartig und glänzend, später rötlich-grau gefärbt. Die schwärzliche Borke löst sich waagerecht langsam ab und wird Ringelborke genannt.

Kirschen sind in Europa, im Norden der Türkei, in Kaukasien, Transkaukasien und im Nordiran verbreitet. In Nordafrika, Südturkestan, Vorderindien und dem Osten Nordamerikas wurde die Vogelkirsche eingebürgert.

Eine ausgewachsene, frei stehende Süßkirsche kann gleichzeitig bis zu eine Million Blüten bilden. Die von Juni bis Juli reifenden Steinfrüchte haben einen Durchmesser von sechs bis 25 Millimeter.

Der Name:

Die Germanen haben durch die Römer nicht nur zahlreiche Obstarten kennengelernt, sondern auch deren Bezeichnungen übernommen und „mundgerecht" gemacht. Aus dem lateinischen *cerasus* für Kirschbaum (lat. *cerasia)* und *cerasum* (= Kirsche) wurde ahd. *chirsa,* mhd. *kirse*. Das lateinische Wort ist eine Nachbildung des griechischen *kerásion,* das wiederum aus einer einst in Kleinasien gesprochenen Sprache kommt.

Für die verschiedenen Kirschsorten kennt man im deutschen Sprachraum zahlreiche andere Namen. Die Vogel- bzw. Süßkirsche heißt auch Backkirsche, Bauerkirsche, Haberkirsche, Holzkirsche oder Krietschkirsche. Die Traubenkirsche heißt z.B. Ahlkirsche, Alpkirsche, Büschelkirsche oder Schwarze Vogelkirsche.

In der Schweiz kennt man ein Sprichwort, wonach es *gar viel Beeren* gebe, *allein es seien nicht alle Kirschen.* Gemeint sind damit den Kirschen ähnliche Beeren und ihre Bäume oder Sträucher, die Bezeichnungen tragen wie: Berg- oder Steinkirsche, Dornkirsche, Horn- oder Kornelkirsche, Hundskirsche, Judenkirsche, Kürbiskirsche, Teufelskirsche, Tollkirsche, Winterkirsche (Weißdornbeere), Wolfskirsche oder Zwergkirsche. Die Wilde Kirsche heißt auch Alpenjohannisbeere.

Der Name *Prunus* ist das lateinische Wort für Pflaumenbaum *(prunum)*. Die Beifügung *avium* für die Vogel- oder Süßkirsche ist wegen der Vorliebe der Vögel für die Früchte vom lateinischen *avis* (= Vogel) abgeleitet. Die Sauerkirsche trägt die Bezeichnung *cerasus* für Kirschbaum. Die Spätblühende Traubenkirsche führt *serotina* als Adjektiv entsprechend dem lateinischen *serotinus* für spät reifend. Bei der Japanischen Blütenkirsche waren die gesägten Blätter namengebend, denn *serrula* ist die Säge. Die Beifügung *padus* der Traubenkirsche kommt von griech. *pádos,* bei Theophrast der Name eines schattenliebenden Baumes.

Die Nutzung:

Nach den Äpfeln ist die Kirsche der wichtigste Obstbaum. Baden-Württemberg ist das Hauptanbaugebiet der Süßkirschen in Deutschland.

Das fein strukturierte, mittelschwere Holz hat eine helle rötlichbraune Färbung. Es wird vor allem als Furnier für den Innenausbau und als Möbelholz verarbeitet; außerdem für Bürsten- und Messergriffe, Galanteriewaren, kunstgewerbliche Gegenstände und Musikinstrumente verwendet. Kirschbaumholz lässt sich gut mit den verschiedensten Geräten bearbeiten: drechseln, fräsen, hobeln und spalten. Das an den Stämmen austretende Kirschgummi eignet sich als Klebstoff und findet in der Tafelmalerei Verwendung. Holzstiche wurden früher auf Brettern verschiedener Holzarten wie Apfel-Birnbaum, Buchen- und Kirschenholz, also auf Langholz ausgeführt.

In unserer Ernährung hat die Kirsche seit der Einführung durch die Römer auf die vielfältigste Weise ihren Platz. Am besten schmeckt sie frisch vom Baum gepflückt. Sie wird verbacken, zu Mus, Marmelade und Saft verarbeitet, vergoren und vermostet.

Kirschkerne in einem Beutel erwärmt können gegen Blähungen, bei Bauchschmerzen, zum Anwärmen des Babybettes oder des Kinderwagens, bei Gelenkschmerzen, Verspannungen, Erkältungskrankheiten, Menstruationsbeschwerden, Schmerzen im Nacken, in der Schulter oder am Rücken Linderung verschaffen. Als Kältekompresse kühlt man das in eine Plastiktüte verpackte Kirschkernkissen im Gefrier- oder Kühlschrank entsprechend ab.

Die Legende:

In zahlreichen Märchen, Mythen, Liedern und Geschichten findet sich die Kirsche als Frucht, aber auch als erotisches Gleichnis wieder. Das strahlende Weiß der Blüte steht für Reinheit und Unschuld, während das kräftige Rot der Frucht häufig mit Liebe und Leidenschaft in Verbindung gebracht wird. *Und wie die Kirsche war ihr kleiner Mund,* dichtete Ferdinand von Saar. *Mit jemandem Kirschen essen* ist in China eine Umschreibung für miteinander schlafen.

Gustav Freytag schreibt in seinem Märchen „Vielliebchen“: *Die Prinzessin sah auf die Kirschen und rief: „Wie schade, dass Ew. Liebden mir keine davon pflücken können!“ Der Prinz antwortete: „Not kennt kein Gebot“, er nahm eine Kirsche mit dem Munde und bot sie der Königstochter. Der Prinzessin blieb nichts übrig, sie musste ihren Mund an den seinigen bringen, um die Kirsche zu fassen, und da sie die Frucht zwischen den Lippen hatte und seinen Kuss dazu, vermochte sie nicht im Augenblick zu sprechen.*

Eine ganz andere Bedeutung als die erotische hat die Redewendung, dass mit jemandem nicht gut Kirschen essen ist. Ursprünglich hieß es: *Wer mit Herren Kirschen essen will, dem werfen sie die Stiele in die Augen.*

Bettina von Arnim schreibt: *Dieser armen Leute Kind hatte noch nie eine Kirsche gesehen.* Das geht auf die Tatsache zurück, dass Kirschen einst nur den Bessergestellten zustanden und Kirschbäume nur in adligen Gärten oder denen der Klöster zu finden waren. Wer sich den Herrschaften näherte (sich auf ihre Stufe stellte), um mit ihnen Kirschen zu essen, musste gewärtig sein, Stiele und Kerne ins Gesicht gespuckt zu bekommen.

Das Grimmsche Wörterbuch zitiert nach Luther eine andere Redensart: *Da von einem jungfrawenmägdlein* (Mädchen aus guter Familie), *das ein eisen abgeworfen hatt* (zu Fall gekommen war), *geredet ward, und einem andern vertrauwet ward der sie für eine jungfraw nam, das heiszt die kirschen ausgefressen und einem den korb an hals gehangen.*

Zahlreiche Bräuche und heilkundige Anwendungen kennt der Volksmund. So zitiert Karl Bartsch den Domänenpächter Behm von Nienhagen mit den Worten: *Wenn der Schlehdorn und die saure Kirsche blühen, ists kaltes und stürmisches Wetter.* Oder er berichtet von einem Brauch aus der Gegend um Hagenow, wo man das Vieh zum ersten Weidegang mit einem Kirschbaumzweig aus dem Stall trieb, denselben aber im Stall stecken ließ, damit das Vieh gegen das rote Wasser, eine Tierkrankheit, gefeit sei.

Adalbert Kuhn weiß von einem Mittel gegen Fieber: *Man geht vor Sonnenaufgang zu einem Kirschbaum und beißt rückwärts gewandt, indem man den Namen Gottes ausspricht, die Knospen ab.*

Am Fest der Heiligen Barbara und Lucia, dem 4. Dezember, steckt man Zweige vom Kirschbaum ins Wasser und stellt sie hinter den warmen Ofen, damit sie zu Weihnachten blühen –, ein Bild der Hoffnung und des Verlangens nach der besseren Jahreszeit.

Kornelkirsche

Die Pflanze:

Die in Mitteleuropa beheimatete Kornelkirsche *(Cornus mas)* gehört zu den Hartriegeln *(Cornus)*. Sie ist nicht mit der Kirsche verwandt. Der im Alter von 50 Jahren etwa bis zu sechs Meter hohe Baum oder Strauch blüht goldgelb in den Monaten März/April, also noch vor der Forsythie, und ist damit eine besonders wichtige Bienennährpflanze. Die Blätter werden erst nach der Blüte ausgetrieben. Die scharlachrote, zwei Zentimeter lange essbare Frucht (Kornelle) hat einen länglichen Stein. Die Kornelkirsche wächst in trockenen Laubwäldern, Eichenmischwäldern und auf Felsen.

Das Holz mit rötlichweißem Splint und dunklem Kern ist das härteste Holz, das in Europa wächst. Es schwimmt nicht, sondern sinkt im Wasser.

Es gibt verschiedene Zuchtformen mit gelben oder gerandeten Blättern, mit weißen, gelben, violettroten oder kugeligen Früchten und mit Zwerg- oder Pyramidenwuchs, die oft in Parks oder privaten Gärten anzutreffen sind.

Der Name:

Die Bezeichnung Kornel geht auf das lat. *cornu* (hart wie Holz) zurück und hängt mit der außergewöhnlichen Härte des Baumholzes zusammen. Zedlers Universal-Lexikon von 1733 schreibt: *...weil die Äste dieses Baums dem Horne und dem Hirnschädel an Härte gleich kommen.*

Der zweite Teil des Namens bezieht sich auf die einer Kirsche ähnlichen Frucht. Das Duden-Herkunftswörterbuch von 1989 verzeichnet das Wort nicht. Das Grimmsche Wörterbuch schreibt: *cornus mascula, korneliuskirsche, ahd. cornulbaum, cornul, curnol ... aus einer mlat. verkleinerung von cornus,* das wiederum durch Umbildung aus dem griech. *kráneia* (= Hartriegel, Kornelkirsche) hervorgegangen ist.

Die Sprachgeschichte des Wortes Kornelkirsche ist ebenso verwirrend wie widersprüchlich. Gerhard Genaust verweist auf die Verwandtschaft der römischen Bezeichnung mit dem griechischen Wort *krános* (= Kopfbedeckung der Soldaten, Helm) und auf den slawischen Gott der Kirschbäume Kirni. Meyers Großes Universallexikon von 1983 bezieht sich auf ahd. *cornilbaum,* eine Weiterentwicklung des mittellat. *corniola* mit Bezug auf *cornum, cornus* für den Kornelkirschenbaum.

Weitere im deutschen Sprachraum verwendete Namen sind: Beinholz, Dürrlitze (Schwaben), Hahnenhoden (wegen der paarig hängenden hodenähnlichen Früchte), Herlitze, Hirlnuss, Dirndlstrauch/Dirndl/Dirndling (Österreich), Hörlitze (Thüringen), Hornkirsche, Knüten (Mecklenburg),

Krakebeere, Kurbeerbaum, Ruhrbeerstrauch/Ruhrkirschen (1790 erwähnt wegen der heilsamen Wirkung der Früchte gegen die Rote Ruhr), Terne (Siebenbürgen/Rheinland), Tierlibaum (Schweiz), Welscher Kirschen-Baum, Zis(s)erle (Franken).

Die Kornelfrucht kannte man in Thüringen als Judenkirsche, in der Schweiz als Judechriesi. Die seit dem 18. Jahrhundert belegte Bezeichnung Fürwitzel bezieht sich wohl darauf, dass der Baum „vorwitzig" ist, nämlich am frühesten von allen Obst tragenden Gehölzen blüht.

Die Bezeichnung Herlitze ist laut Grimmschem Wörterbuch aus Kornelle entstanden. Andere Namen waren daraus folgend Korlesbeere und Kürbeere. Dürrlitze wiederum und die verschiedenen Nebenformen könnten von den slawischen Wörtern der in der einstigen österreichisch-ungarischen Monarchie lebenden Völker kommen: *drijen* (kroat.), *dren* (slowen.), *drien* (slowak.), *drin* (tschech.). Schließlich waren Kroatien, Slowenien, die Slowakei und Tschechien lange Zeit Bestandteile der österreichisch-ungarischen Monarchie.

Das lat. Artepitheton *mas* ist die Kurzform zu *masculinus* (= männlich). Das kann durchaus in diesem Zusammenhang eine hintersinnige Anspielung auf das harte Holz sein.

Die Nutzung:

Alle Teile der Kornelkirsche haben in der Heilkunde Verwendung gefunden. *Die Cornell-Kirschen kühlen, machen trucke, ziehen etwas zusammen und stopffen: dannenhero in der rothe Ruhr, Durchlauff, übrigen Monath-Zeit und Blutspeyen sehr dienlich: sie geben auch in hitzigen Kranckheiten und Fiebern eine kühlende Labung,* verzeichnet das Zedlersche Lexikon von 1732. Und weiter: *Das aus dem Holtze ausgezogene Oel treibet zurück, trocknet aus, digeriret mäßig und rottet den Krebs aus.*

Hildegard von Bingen empfahl ein Bad aus Rinde, Holz und Blättern des „Erlizbaumes" gegen die Gicht sowie die „Kirsche" für den Magen.

Kornelkirschenfrüchte enthalten den roten Fruchtfarbstoff der Anthocyane. Das darin gebundene Vitamin P ist ein wichtiger Schutz- und Reparaturfaktor bei Entzündungen und Verletzungen der Schleimhäute und Blutgefäße, zum Beispiel bei Gastritis oder Krampfaderleiden.

Die Früchte haben einen säuerlichen Geschmack und enthalten Glukose, Zitronensäure, Schleim- und Gerbstoffe. Aus ihnen kann man Marmeladen, Gelee oder Mus bereiten. Vergoren liefern sie ein alkoholisches Getränk von angenehmem Geschmack.

In Gustav Hegis „Illustrierter Flora von Mittel-Europa" steht, die „Kirschen" würden roh oder kandiert genossen bzw. mit Zucker oder Essig zu Kompott verarbeitet. Die Fruchtsäfte seien als Scherbet oder Hoschaf besonders im südöstlichen Europa beliebt, namentlich bei den Türken. Die reifen Früchte würden als Fischköder benützt. Aus den Kernen verfertigte man preiswerte Rosenkränze. Die im Kern eingeschlossenen Samen dienten geröstet als Kaffee-Ersatz.

Das harte, politurfähige und schwer spaltbare Holz fand vor allem in der Drechslerei und Wagnerei zur Herstellung von Werkzeugen, Radspeichen, Schusternägeln, Messergriffen, Hammerstielen, mathematischen Instrumenten und Kämmen, auch für Zahnräder in Mühlwerken Verwendung.

Im Altertum wurden die Früchte auch an die Schweine verfüttert. Bei Homer steht: *Weinend ließen sie sich einsperren, da schüttete Kirke / Ihnen Eicheln und Buchenmast und rote Kornellen / Vor, das gewöhnliche Futter der erdaufwühlenden Schweine.*

Die Legende:

Der griechische Schriftsteller Pausanias behauptet, das Trojanische Pferd sei aus dem Holz der Kornelkirsche gezimmert gewesen. Und der legendäre Bogen des Odysseus, den nur er spannen konnte, soll aus diesem Material gemacht worden sein.

Die makedonischen Phalanxen des Königs Philipp II. waren mit bis zu sechs Meter langen Lanzen (Sarissen) aus dem Holz der Kornelkirsche ausgerüstet.

Zur Zeit von Kaiser Caligula (37-41) soll auf dem Palatin ein uralter Kornelkirschenbaum gestanden haben. Als Rom 753 v.Chr. durch Romulus und Remus gegründet wurde, hätten sie eine Lanze aus dem Holz der Kornelkirsche als Grenzzeichen in den Boden gerammt, die ausgeschlagen sei und sich zu dem Baum entwickelt habe.

Polydoros, der jüngste Sohn des Königs von Troja, wurde mit Speeren aus dem Holz der Kornelkirsche umgebracht. Doch die Schäfte der Mordwaffen schlugen Wurzeln, und vom Blut des Getöteten genährt, wurde ein Kornelkirschenstrauch daraus. Als Aeneas auf seiner Flucht zunächst an die Küste Thrakiens gelangte, wollten er und seine Gefährten den Göttern ein Opfer bringen. Brennholz fanden sie in einem Dickicht aus Kornelkirschen. Aber als sie die ersten Äste brachen, quoll Blut heraus und sie hörten eine Stimme, die sich als Geist des Polydoros zu erkennen gab. Genau hier war der Mord geschehen.

Lärche

Die Pflanze:

Die Lärchen *(Larix)* sind eine Gattung aus der Familie der Kieferngewächse *(Pinaceae)*. Sie sind mit etwa zehn Arten in der Nordhemisphäre vertreten. Lärchen sind typische Gebirgsbäume, aber seit dem 17. Jahrhundert werden sie wegen ihres geschätzten Holzes auch im Flachland als Mischbaumart angepflanzt.

Die Europäische Lärche *(Larix decidua)* kann bei einem Stammdurchmesser von anderthalb Metern über 50 Meter hoch und bis zu 600 Jahre alt werden. Im Wallis wurde ein 30 Meter hoher Baum mit 686 Jahresringen (in sieben Meter Stammhöhe) gefällt, der etwa im Jahre 1280 gekeimt haben muss.

Lärchen sind sommergrüne Bäume, werfen also im Gegensatz zu allen anderen *Pinaceae* ihre Nadeln im Spätherbst ab. Sie haben eine silbergraue bis graubraune, etwa zehn Zentimeter dicke Borke, die sich später rötlichbraun bis braun färbt. Die Europäische Lärche überdauerte die letzte Eiszeit vermutlich in den Karpaten. Lärchen wachsen in nördlichen Urwäldern und in Wirtschaftswäldern. Sie kommen bis in eine Höhenlage von 2.500 Meter NN vor.

Lärchen sind einhäusig getrenntgeschlechtlich mit einzeln stehenden schwefelgelben männlichen und rot bis purpurfarbenen weiblichen Zapfen.

Der Name:

Der Name Lärche (die Schreibweise mit ä diente zur Unterscheidung vom Vogelnamen Lerche) ist aus dem lateinischen Wort *larix* gebildet worden und lautete im ahd. *larihha*, mhd. *larche, lerche*. Das lateinische Wort ist vermutlich aus der Sprache der gallischen Älpler gekommen. Man findet es im italienischen *larice* oder im rätoromanischen *Larsch* wieder. Andere Namen sind Lörbaum, Lorchbaum und Schönholz.

Die Beifügung *decidua* geht auf das lateinische Verb *decidere* für herabfallen zurück und meint die im Herbst abfallenden Nadeln.

Die Herkunft des Vogelnamens Lerche *(Alaudidae)* ist ungeklärt, steht aber nicht im Zusammenhang mit dem Baum. Das Herkunftswörterbuch verweist auf das germanische Wort *laiwrikōn* und vermutet in der ersten Silbe *lai* eine lautmalerische Adaption. Das Grimmsche Wörterbuch sagt: *völlig dunkel, es bestehen sogar zweifel, ob es ein deutsches und nicht ein ursprünglich fremdes, von den deutschen stämmen übernommenes und blosz deutsch gemodeltes sei.*

Die Nutzung:

Lärchenholz stellt das schwerste und härteste Holz der europäischen Nadelnutzhölzer und wird nur von der selten genutzten Eibe übertroffen. Aus ihm wird Bauholz für Dachtragwerke sowie Wand- und Deckenkonstruktionen gewonnen. Im Innenausbau nutzt man es gern für Treppen, Geländer, Wandverkleidungen, Türen, Parkett- und Dielenböden, im Außenbereich für Haustüren, Garagentore, Fenster, Fassadenverkleidungen, Rahmen, Brüstungen und großflächige Außenverkleidungen.

Die Rinde wurde früher wegen der darin enthaltenen Tannine zum Schwarzgerben von Leder genutzt. Das Lärchenterpentin *(Terebinthina veneta)* wird durch Wasserdampfdestillation und Reinigung aus frischen Harzausflüssen gefiltert. Das so gewonnene Terpentin wurde mitunter nach dem alten Hauptandelsplatz Venedig als „Venezianisches Terpentin" bezeichnet.

In der Volksmedizin wurde Lärchenterpentin oft bei Durchfall, inneren Blutungen, Würmern, Gallensteinkoliken, Nierenkoliken, Erkältungen, verkühltem Magen und als harntreibendes Mittel verwendet. Auch bei Nervenschmerzen, zur Blutstillung, bei Hauterkrankungen und bei Hautgeschwüren sowie bei Ohrenschmerzen kam es zum Einsatz.

Lärchenspäne entwickeln beim Verräuchern einen holzigen, würzigen edlen Duft, der gegen negative Einflüsse schützen soll. Er wirkt anregend und stimulierend, gibt Selbstvertrauen und festigt das Selbstwertgefühl. Menschen, die an Atemwegserkrankungen litten, wurden dem krampf- und schleimlösenden Lärchenrauch ausgesetzt, um ihn zu inhalieren.

In Essig gekochte Lärchennnadeln wurden bei Zahnschmerzen verabreicht. Die pulverisierte Rinde des Baumes gab man auf eitrige, schlecht heilende Wunden.

Aus tierärztlicher Sicht gilt die Lärche als schwach giftig. Die ölhaltigen Samen sind aber ein bei Papageien beliebtes Futter, das sie sich gern aus den Zapfen holen.

Die Legende:

In verschiedenen Gegenden Deutschlands hängt man am 30. April einen „Hexenrüttel" von Lärchenzweigen an Türen und Fenster, um die bösen Hexen zu vertreiben. Kindern band man einen Lärchenzapfen um den Hals, damit ihnen der böse Blick nicht schaden könne.

In den Alpen war die Lärche als Hausbaum geschätzt, der die Bewohner der wohlwollenden Nähe guter Geister versicherte. Im Laufe der Christianisierung übertrug man Maria ihre Nachfolge, denn Lärchen standen in dem Ruf, besonders liebenswürdige und menschenfreundliche Bäume zu sein.

Die Lärche galt in der Vorstellung der Altvorderen allgemein als der Baum der Feen. Unter ihr und in ihren Zweigen ruhen sich die Saligen, die Bergfeen aus, und treffen sich zum Tanz. Viele der für heilig erklärten Lärchen findet man an berühmten Wallfahrtsorten wie in Maria Waldrast, Nauders und Steineck in Tirol.

Nach einem alten Volksglauben der Tiroler kamen die Säuglinge aus der berühmten Lärche im heiligen Hain von Nauders. Unter diesem zweigeteilten Baum hielt man auch Gericht. Und mit dem Tode bedroht wurde, wer den Baum verletzte. Selbst ein lautes Wort oder gar ein Fluch in der Nähe dieser Lärche galt als böser Frevel und wurde entsprechend geahndet – meistens mit dem sofortigen Tod. Im Jahre 1855 starb der Baum ab, die Sagen um ihn halten sich bis in die Gegenwart.

Eine Sage aus dem Pustertal geht so: *Im Schloss zu Kienburg bei Lienz haust ein Geist. Als einmal ein Bauer, der noch spät abends nach Windisch-Matrei gehen wollte, in die Nähe des Schlosses kam, erschien ihm der Geist und sprach: „Siehst du jene Lärche, die auf der bemoosten Schlossmauer steht? Schneide daraus Bretter und mache eine Wiege. Dasjenige Kind, das zuerst darin liegen wird, bringt meine Erlösung.“ Als der Geist dies gesagt hatte, verschwand er. Der Bauer war darüber froh und kümmerte sich um Geist, Baum und Wiege nicht mehr. Deshalb steht die Lärche noch immer beim Schlosse und schaut trübselig in's Weite.*

Der Tschögglberg am Nordrand von Bozen gehört zusammen mit dem Ritten zu den traditionsreichen Sommerfrischen der Bozner Bürger. Er bietet einen weitreichenden Rundblick auf die Dolomiten, die Sarntaler Alpen und bis zum Ortler. Hier oben, auf der knapp 1500 Meter hohen Porphyrkuppe, ist das Reich der Lärchen, die im Herbst in allen Orange- und Brauntönen flackern.

Lärchen seien gegen Blitzschlag sicher. So galt als ausgemacht, dass die heilige Lärche von Kaseracker bei Wolfsgruben in Tirol allen Feuersbrünsten widerstanden habe. Noch heute ist Lärchenholz in den Alpen ein beliebtes Material, um Dächer zu decken.

Hoch im sibirischen Norden, „an der Quelle der weiblichen Urschamanen“, streckte eine gewaltige Lärche ihre Zweige in den Himmel. In den unterschiedlichen Höhen befanden sich mächtige Nester. Weit oben im Wipfel wurden die bedeutendsten Schamanen gesäugt und aufgezogen, weiß die Legende. Die etwas weniger bedeutsamen hatten ihren Platz auf mittlerer Höhe, die kleinen auf den untersten Ästen.

Linde

Die Pflanze:

Linden *(Tilia)* gehören in die Unterfamilie der Lindengewächse *(Tilioideae)* innerhalb der Familie der Malvengewächse *(Malvaceae)*. Drei Arten kommen in Europa vor: Die Sommerlinde *(Tilia platyphyllos)*, die Winter- oder Steinlinde *(Tilia cordata)* und die Silberlinde *(Tilia tomentosa)*. Letztere ist in Südosteuropa und in Kleinasien beheimatet. Die beiden in Mitteleuropa heimischen Lindenarten können einen fruchtbaren Bastard bilden, die so genannte Holländische Linde *(Tilia x europaea)*, weil sie wahrscheinlich in Holland auf natürliche Weise entstanden ist.

Linden erreichen Wuchshöhen zwischen 20 und 40 Meter, der Stammdurchmesser liegt zwischen einem und 1,80 Meter. Sie können bis zu eintausend Jahre alt werden. *300 Jahre kommt sie, 300 Jahre steht sie, 300 Jahre vergeht sie,* lautet ein Sprichwort über die Linde.

Ein längliches großes Hochblatt ist mit der Blütenstandachse verwachsen und dient für den abfallenden Fruchtstand als Flügel. In jeder Fruchtknotenkammer befinden sich zwei Samenanlagen. Der Griffel endet mit einer fünflappigen Narbe. Die Bestäubung erfolgt durch verschiedene Insekten, die durch den intensiven Duft der Blüten angelockt werden. Die Lindenarten können sich auch vegetativ durch Stockausschlag und Wurzelbrut vermehren.

Ältere oder verletzte Linden entwickeln Innenwurzeln, die sie von den Ästen her im hohlen Stamm nach unten schieben. Der innere Teil einer Linde zerfällt mit fortschreitendem Alter sehr rasch. Die Innenwurzeln verankern sich im Boden und mit ihrer Hilfe kann die Linde sich mit den notwendigen Nährstoffen versorgen und so ihr oft beträchtliches Alter erreichen.

Der Name:

Der Name Linde – ahd. *linta, linthi, lindi,* mhd. *linde, lind* – gehört wahrscheinlich zum indogermanischen Adjektiv *lento-s* (= biegsam) und bezieht sich entweder auf das biegsame Holz oder den ebenso biegsamen Bast.

Das Grimmsche Wörterbuch stellt eine Verbindung zum litauischen *slidus* glatt, blank, schlüpfrig her, *denn es scheint sicher, dasz der eigentliche begriff von lind sich auf den tastsinn bezieht.*

Viele Flur- und Familiennamen haben ihren Ursprung in dem Baumnamen: Linz ist der Lindenhain, Leipzig kommt von *Lipks* und bedeutet Lindenort. Linn bei Brugg verdankt seinen Namen einem Jahrhunderte alten Baum.

Der Gattungsname *Tilia* ist der lateinische Name für den Baum und für eine Tafel aus Lindenholz. Möglicherweise ist *tilia* verwandt mit dem griechischen Wort *tilos* für Faser. Die Rinde ist reich an Bastfasern, und die Pfahlbauer haben ihre Kleider aus Leinenfasern und Lindenbast hergestellt.

Das Attribut der Winterlinde *cordata* nimmt auf das herzförmige Blatt Bezug und leitet sich von lat. *cordatus* (= herzförmig) ab. Das Artepitheton der Sommerlinde *platyphyllos* kommt von griech. *platys* (= breit) und *phyllon* (= Blatt). Die Beifügung *tomentosa* der Silberlinde bedeutet filzig.

In der griechischen Mythologie wurde die Nymphe Phylira in eine Linde verwandelt. Das griechische Wort *Phylira* bedeutet Linde.

Die Nutzung:

Die Linde spielt in der Heilkunde eine wichtige Rolle. Darüber schrieb zum Beispiel Tabernaemontanus: *Das Wasser aus der Blüet gebrennt, wird hoch gerühmet wider die Fallende sucht der jungen Kinder. … Es wird auch sonst gebraucht wider den Schlag, den Schwindel und andere kalte Gebresten dess Hirns. Wen der Schlag getroffen hat, der nimm Lindenblüetwasser, Mayenblumenwasser unnd schwartz Kirschenwasser, vermische sie durch einander und trincke jederzeit ein Untz darvon. Diss Wasser getruncken ist gut den versehrten Därmen von der rohten Ruhr/… Das Wasser von Lindenblüet vertilget die Flecken im Angesicht.*

Lindenblütentee – im Winter heiß, im Sommer kalt getrunken – ist mit Pfefferminzblättern garniert sehr erfrischend. Verdoppelt man die Menge der Blüten, ist er ein schweißtreibender Heiltrunk bei Erkältung. Als Badezusatz wirken aufgekochte und abgeseihte Lindenblüten entspannend.

Die nektarreichen Blüten, von denen eine Linde bis zu 60.000 zählt, verströmen einen süßen Duft, der Insekten wie Bienen und Schwebfliegen anzieht. Lindenblütenhonig ist nicht nur sehr schmackhaft, er wird auch als Zusatz zu heilendem Tee verwendet.

Im Mittelalter stand die Bienenweide unter strengem Bann, denn der Honig war der einzige Süßstoff. Außerdem wurde das Wachs gebraucht für Altarkerzen, Schreibtafeln oder Siegel.

Das Holz der Linde war in der Spätgotik ein bevorzugtes Material für die Bildhauerei und Schnitzerei. Veit Stoß, Tilman Riemenschneider und viele andere schufen bedeutende Werke aus Lindenholz. Es galt daher lange als *lignum sacrum* (heiliges Holz), weil daraus Heiligenstatuen geschnitzt wurden. Auch heute sind Bildhauerei, Schnitzerei und Drechslerei die Hauptanwendungsgebiete für Lindenholz, da es sich gut in alle Richtungen bearbeiten lässt.

Die Legende:

Die Zahl der Legenden und Sagen über Linden geht ins Endlose. *Wo wäre eine Linde in deutschen Landen – und gewiss ist es in anderen auch so – unter der nicht eine Bank stünde oder neben der sich nicht eine Kapelle befände. Die Schönheit ihres Baues, das Überdach ihres Schattens und das gesellige Summen in ihren Zweigen laden dazu ein,* lesen wir bei Adalbert Stifter.

Die Sommerlinde war der Mittelpunkt des Dorfes. Mancherorts wurde sie sogar zum Tanzsaal, indem die weit ausladenden Äste zu waagerechten Astkränzen geformt und Bretter darüber gelegt wurden. *Schon um die Linde war es voll und alles tanzte schon wie toll,* schrieb Goethe.

Linden gewährten Schutz vor Gewitter und bösen Geistern. Unter Linden schwörte man einen Eid, dort fand das Gericht statt, dort führte man Beratungen durch. Urkunden belegen das noch bis Ende des 18. Jahrhunderts praktizierte *Judicum sub tilia.*

Winterlinden umgaben die Kultstätten der Kelten. Den Germanen galt sie neben der Eiche als heiliger Baum. Sie verehrten sie als Freya, der Göttin der Liebe, des Glücks, der Fruchtbarkeit und des guten Hausstandes geweihten Baum. Mit der Christianisierung wurde aus der Freya-Linde die Marienlinde, zu der auch Wallfahrten stattfanden.

Die Slawen verehrten die Rechtsprecherin und Orakelgöttin Libussa (slaw. *liba* = Linde). Skythische Seher weissagten mit Lindenrinde. Die Griechen opferten Aphrodite unter Linden. Ihre Diener schmückten sich mit Kränzen aus duftenden Lindenblüten. Zeus und Hermes verwandelten aus Dankbarkeit Philemon in eine Eiche, Baukis in eine Linde und ihre Hütte in einen Tempel.

In zahlreichen germanischen Mythen und Legenden spielt die Linde eine wichtige Rolle wie zum Beispiel in der von Siegfried, der den Drachen Fafnir unter einer Linde tötete. Als er sich im Drachenblut badete, um unverwundbar zu werden, fiel ein Lindenblatt zwischen seine Schulterblätter und verhinderte somit seine vollständige Unverwundbarkeit. Unter einer Linde wurde er von Hagen getötet.

Sieh das Lindenblatt, du wirst es wie ein Herz gestaltet finden,/ drum sitzen die Verliebten auch am liebsten unter Linden, dichtete Heinrich Heine. Die Linde ist der Baum der Liebenden, in vielen Volksliedern und Bräuchen beschworen: *Wo wir uns finden, wohl unter Linden, zur Abendzeit* – oder *Unter der Linden auf der Heiden, da unser zweier Bette war...*, steht bei Walther von der Vogelweide. Eines der bekanntesten deutschen Volkslieder hebt mit der Zeile an: *Am Brunnen vor dem Tore, da steht ein Lindenbaum.*

Mandelbaum

Die Pflanze:

Der Mandelbaum *(Prunus dulcis)* gehört in die Familie der Rosengewächse *(Rosaceae)*. Innerhalb der Gattung *Prunus* wird er der Untergattung *Amygdalus* zugeordnet. Der sommergrüne Baum oder Strauch erreicht Wuchshöhen von drei bis sechs, mitunter sogar acht Metern. Die Rinde junger Zweige ist kahl, wird aber später gräulich-braun bis gräulich-schwarz. Die unbehaarten Winterknospen werden drei bis fünf Millimeter lang. Die einzeln stehenden Blüten öffnen sich in den Monaten März bis April vor dem Lauben. Die dicht flaumig behaarten Steinfrüchte erreichen eine Länge von drei bis viereinhalb Zentimeter bei einem Durchmesser von zwei bis drei Zentimeter. Die Früchte reifen von Juli bis August. Das dünne Mesokarp, das ist die mittlere Schicht der pflanzlichen Fruchtwand, platzt bei der Reife auf. Die Samen schmecken süß oder bitter.

Die ursprüngliche Heimat des Mandelbaums ist Südwestasien und reicht von der Levante über Nord- und Ost-Anatolien, Süd-Kaukasien, Nord-Irak, Iran bis Süd-Turkmenien, Kirgisien und Usbekistan. Die natürlichen Standorte sind Gebüsche an sonnigen Hängen auf steinigen Böden in einer Höhenlage von 700 bis 1700 Meter.

Der seit 4000 Jahren kultivierte Baum reift auch in den Weinanbaugebieten Deutschlands. *Wie er [der mandelbaum] denn [...] in denen weinbergen am Main und Rheinstrom und Speyer und in der bergstraszen trefflich fortkommt, also dasz von denen dasigen bauern ganze wägen voll mandeln in die umliegende orte zu markt gebracht werden,* steht im 1503 erschienenen „Öconomischen Lexicon". Wahrscheinlich wurde der Baum zusammen mit dem Wein von den Römern eingeführt. Eine deutsche Sorte ist die „Dürkheimer Krachmandel" *(Prunus amygdalis ‚Dürkheimer Krachmandel')*. Der Mandelanbau hat Anfang 1900 eine größere Rolle gespielt, die Tendenz ist allerdings stark rückläufig.

Der Name:

Das Wort Mandel (ahd. *mandala)* ist vom spätlat. *amandula, amyndalum* (= Mandel) entlehnt, ist aber als *amygdálē* von den Griechen zu den Römern gelangt. *Amygdalus haißt ain mandelpâm,* steht bei Konrad von Megenberg. Die deutsche Sprache kennt den Begriff aber noch in anderen Zusammenhängen. Zum einen bezeichnet Mandel einen *haufe frischgeschnittenen und gebundenen getreides, getreide- oder strohbund,* wie im Grimmschen Wörterbuch steht, zum anderen ist es ein altes Zählmaß (15 bzw. 16 Stück).

Die landläufige Bezeichnung Mandel für die im Mund- und Rachenraum befindlichen Tonsillen bezieht sich auf ihre äußere Ähnlichkeit.

Der gültige wissenschaftliche Name der Mandel in der Gattung *Amygdalus (Amygdalus communis)* wurde 1753 durch Carl von Linné erstveröffentlicht. Das lat. Artepitheton *dulcis* bedeutet süß.

Die Nutzung:

Die Mandel enthält Mandelöl, Zucker, Vitamin B und E sowie Folsäure. Der Anteil an Kalzium, Magnesium und Kalium ist höher als bei Nüssen. Es gibt die süß oder bitter schmeckende Frucht des Mandelbaumes. Die süßen haben eine zimtbraune, raue Haut, die man durch Überbrühen mit kochendem Wasser leicht ablösen kann. Sie werden für Mehlspeisen, als Dekoration auf Süßspeisen und zur Weiterverarbeitung zu gebrannten Mandeln, Likören und Marzipan verwendet.

Bittere Mandeln sind nicht zum Verzehr geeignet. Sie enthalten das blausäureerzeugende Glykosid Amygdalin.

Jüngste Studien erbrachten, dass der regelmäßige Verzehr von Mandeln und Nüssen hilft, das Risiko von Herz-Kreislauf-Erkrankungen zu senken. Bereits 20 Gramm Mandeln täglich halbieren die Gefahr einer Herzkrankheit. Erwiesen ist auch die cholesterinsenkende Wirkung. Der hohe Anteil an Folsäure ist in der Schwangerschaft sehr wichtig.

Die Auffassung von Dioskurides, *süsse Mandelkerne sindt zu essen bequem, in der Artzney aber und remediis haben sie ein viel geringere Tugent und Krafft dann die bittere,* galt in der Naturheilkunde lange als maßgebend. Er riet zu feuchten Umschlägen mit Bittermandelsud oder Wurzeln zur Reinigung der Gesichtshaut, gegen Hautekzeme und Verletzungen und, um die Schläfen gelegt, gegen Kopfschmerzen. Nach seiner Auffassung helfe die Bittermandel gegen Husten und Erkrankungen von Lunge, Leber und Nieren. Solche Wirkungen schrieb er auch dem bei Verletzung der Rinde austretenden Harz zu.

Bittermandelwasser ist ein Extrakt der ätherischen Öle des Samens, das nicht nur medizinisch, sondern auch zur aromatischen Verfeinerung von Gebäck und zur Geschmackskorrektur von Heilsäften verwendet wird.

In der jüdischen Mystik werden acht Früchte angegeben, die für die sieben Arten des menschlichen Wachstums stehen, an achter Stelle der Verzehr von Mandeln. Die anderen sind Weizen, Gerste, Wein, Feige, Granatapfel, Olive und Dattel. Und es heißt im Unterschied zu den anderen, dass man den Kern der Mandel essen kann. *Den Kern der achten Frucht kann man begraben, aber auch essen.*

Die Legende:

Die ersten Belege, dass sich Menschen der Mandel nicht nur als essbare Frucht, sondern auch zu Heilzwecken bedienten, reichen gut 4000 Jahre zurück. Man kann davon ausgehen, dass diese Geschichte deutlich älter ist. Und natürlich gehören die ältesten Geschichten um die Mandel in diese Zeit und in die Region, aus der sie ursprünglich kommt.

Im Hebräischen gibt es für Mandel zwei Wörter. Das erste lautet *Lus.* Lus ist der Ort, wo Jakob die in den Himmel führende Leiter entdeckte. Lus bezeichnet aber auch jene Stelle im Menschen, von der aus sich der Körper gleichsam aufbaut. Das andere Wort für Mandel lautet *Schaqed,* der Wachende. Wer im Zeichen der Mandel kommt, beeilt sich, um am Anfang schon da zu sein. Deshalb wird im jüdischen Brauchtum dem Namen des Erlösers Menachem stets ein Mendel (jüdisch: Mandel) hinzugefügt, wie wir das von verschiedenen jüdischen Namen kennen: Mandelstam, Mendelssohn u.ä. Dieses Zusammenhanges eingedenk und im Sinne einer heilsamen Ernährung entwickelten die Mönche das aus Mandeln zubereitete Mönchsbrot. Wir kennen es unter der Bezeichnung Marzipan, wahrscheinlich von persisch *märzäban.*

Als im Volke Israel während des Marsches durch die Wüste Streit unter den zwölf Stämmen ausbrach, der sich vor allem gegen Aaron und seinen Stamm Levi richtete, befahl der Herr, für jeden Stamm einen Stab zu nehmen, um herauszufinden, welcher davon am nächsten Morgen grüne. Es war der Aarons, der blühte und Mandeln zum Reifen brachte. … *fand er den stecken Aaron des hauses Levi grunen, und die blüet aufgangen und mandeln tragen,* steht in 4 Mos. 17, 8; der Stamm Levi sollte der erste Stamm sein wie der Mandelbaum der erste ist, der (in den südlichen Ländern bereits im Dezember) blüht.

Sieben mandelkernförmige Zapfen trägt der siebenarmige Leuchter Menorah, Aarons Stab symbolisierend.

Die alten Griechen kannten die Sage von der thrakischen Prinzessin Phyllis (= Blütenblatt), die meinte, ihr Geliebter Akamas verschmähe sie. Aus Verzweiflung erhängte sie sich. Athene erbarmte sich und verwandelte sie in einen Mandelbaum, der aber keine Früchte trug. Akamas, der durch ein Unwetter aufgehalten worden war, kam zu spät. Verzweifelt umarmte er den Stamm des Baumes. Seine Liebe zu Phyllis in Gestalt eines Mandelbaumes war so stark, dass der Baum Blüten trieb. *Medeen seh ich rasen: / ich seh auf Didus brust von blut geschwellte blasen: / die bleiche Phyllis hangt von ihrem mandelbaum,* dichtete Andreas Gryphius.

Mistel

Die Pflanze:

Die Mistel *(Viscum album)* ist ein Halbschmarotzer aus der Familie der Sandelholzgewächse *(Santalaceae).* Die ein- oder zweihäusigen immergrünen Pflanzen wachsen auf Bäumen oder Sträuchern. Sie senken ihre Wurzeln durch die Rinde des Wirtsbaumes in die Kambiumschicht (Wachstumsschicht zwischen der Splintholzzone und der Rinde) und bis ins Holz. Dort verankern sie sich und ziehen aus den Säften des Baumes Flüssigkeit und Nährstoffe. Nach der Bestäubung der kleinen Blüten durch Insekten entstehen weiße oder gelbe Beerenfrüchte mit mehreren Samen. Die mittlere Schicht der pflanzlichen Fruchtwand *(Mesokarp)* bildet Viscin, eine klebrige Schicht aus. Die Mistel ist in den tropischen, subtropischen und gemäßigten Zonen verbreitet. Über die Anzahl ihrer anerkannten Arten liegen sehr unterschiedliche Angaben zwischen 60 und über 500 Vertretern vor.

Die Mistel bildet in sehr trockenen Sommern viele Blüten und dadurch im Herbst und Winter zur Zeit der Mistelernte viele Beeren. In sehr feuchten Sommern hingegen bildet die Mistel so gut wie keine Beeren aus.

Der Name:

Die Bezeichnung Mistel, ahd. *mistil,* mhd. *mistel,* erklärt das Duden-Herkunftswörterbuch in Zusammenhang mit dem Wort Mist. Der unverdaute Samen dieser Schmarotzerpflanze wird durch den Vogelkot (Mist bezeichnete ursprünglich nur die Ausscheidungen von Tieren) auf Bäumen verbreitet. Das Wort wurde zunächst männlich gebraucht. *Item hüpsche und gůte arzny und materi von dem aichin mistel,* zitiert Grimm.

Die Mistel trägt in verschiedenen Gegenden mitunter seltsame Namen, deren Bedeutung nicht immer schlüssig ist: Affalter, Albranken, Birnäpsel, Bocksfutter, Donarbesen, Donnerbesen, Drudenfuß, Elfklatte, Geißkraut, Gespensterrute (Holstein), Gutheil (Westfalen), Heil aller Schäden, Heiligkreuzholz, Hexenbesen (Tirol), Hexenchrut (Schweiz), Hexennest, Immergrün, Kenster, Kinster, Klüster, Knisterholz, Kraigensunder (Bergisch-Westfalen: Krähenschleim), Leimmistel, Marenstocken, Marentaken, Mar des Baumes (Süddeutschland), Mischgle, Mischgelt, Misple, Mistelsenker, Nistel, Offölterholz, Vogelchrut, Vogelkläb, Vogelleimholz, Vogellim, Vogelmistel, Wespe, Wintergrün, Wintersamen, Wispel, Wispen.

Der botanische Gattungsname *Viscum* ist das lateinische Wort für Vogelleim, da die Römer aus den klebrigen Beeren Leim herstellten. Die lateinische Beifügung *album* (= weiß) bezieht sich auf die Farbe der Blüten.

Die Nutzung:

Misteln enthalten Lektine und Glykoproteine, außerdem Viscotoxine, Schleimstoffe, Polysaccharide, Phenylpropane, Kaffeesäurederivate und Flavonoide. Misteltee wird immer als Kaltauszug angesetzt, den man als Umschlag oder für Bäder äußerlich anwenden kann. Durch Erwärmung würde die Heilwirkung gemindert. Der Tee hilft auch bei Herzschwäche und Arteriosklerose, sowie gegen rheumatische Beschwerden. Er regt die Verdauung und den Stoffwechsel an.

Mistel stärkt die Nerven, lindert Kopfschmerzen und Schwindel. Auch gegen wiederholte Fieberkrämpfe bei Kindern soll die Mistel helfen. Gegen Heuschnupfen kann man Misteltee schnupfen.

Mistelpräparate helfen bei Beschwerden in den Wechseljahren und gegen Menstruationsschmerzen.

Zur Begleitung einer Krebstherapie und auch zu deren Nachbehandlung kann man Mistelpräparate in spezieller anthroposophisch-homöopathischer Aufbereitung anwenden, was den Arztbesuch aber nicht ersetzt!

Die Legende:

Die Mistel, nach Vergils Ansicht *non sua geminat arbos,* also ohne Samen gezeugt, hat die Phantasie der alten Völker vielfältig beschäftigt. Sie bildet den magischen Zweig der Persephone und den Gabelzweig des Merkur, der die Pforte der Unterwelt öffnete und Aeneas den Eingang zur Abgeschiedenheit erschloss.

Die Druidenpriester haben mit einer goldenen Sichel Mistelzweige, so genannte Donnerbesen, von blitzanziehenden Eichen entnommen und sie mit einem schwarzen Tuch aufgefangen, damit sie nicht mit der unheiligen Erde in Berührung kommen, und dann unter die Versammelten verteilt. Wer einen Mistelzweig berühren durfte, dem war Glück und Zufriedenheit für das ganze Jahr beschieden. Ein Misteltrank galt als Allheilmittel und wirkte gegen Gift und Zauberei.

Karl Friedrich Kretschmann schrieb in seinem Gedicht „Fünftes Lied“ die Strophe:

Der goldgefärbte Mistel
War nie Gewächs der niedern Distel:
Die Eiche, die den Göttern heilig ist,
Zeugt ihn aus Thaue, der vom Himmel fließt.

Den Nordländern galt sie als besonders heilig, weil sie glaubten, die Mistel sei direkt vom Himmel auf die hohen Bäume gefallen.

Zur Zeit der Wintersonnenwende und als Weihnachtsschmuck wird sie auch heute noch an die Türen gehängt, um das Haus vor Schaden zu bewahren. Wer sich unter Misteln küsst, soll ein glückliches Liebespaar werden. Dieser Brauch hat sich in vielen Völkern erhalten. In Frankreich beglückwünscht man sich in einzelnen Gegenden zum neuen Jahr mit einem Mistelzweig in der Hand. Kinder laufen durch den Ort und rufen ihr *au gui l'an neuf!* In Österreich kennt man das Silvesterschlagen. In England hängt man einen *mistletoe* zu Weihnachten an die Zimmerdecke.

Hintergrund dieses Liebesmotivs ist vermutlich ein Brauch der alten Sumerer. Junge Frauen, die sich dem Dienst Mylittas, ihrer Liebesgöttin, weihten, stellten sich unter ein Mistelgewächs und boten sich jedem Mann an, der ihren Liebesdienst in Anspruch nehmen wollte.

In der germanischen Mythologie tötet Gott Loki Balder, den Sohn Odins und Friggs, indem er dem blinden Hödur einen Mistelzweig auf den Bogen spannt und auf ihn zielen lässt.

In Tirol schützte man sich mit einem *Hexebese* gegen Druiden und Hexen, wobei der auf einer Eiche gewachsenen Mistel besondere Kraft innewohnen soll. In Schwaben band man einen Mistelkranz an die Obstbäume, um deren Fruchtbarkeit zu erhöhen. In Holstein hängte man den Kindern ein Mistelamulett um den Hals. Aus Mistelholz wurde der Rosenkranz der Katholiken gefertigt, und in Silber gefasste Mistelkügelchen wurden zur Abwehr allen Unheils als Ringe getragen. Nach einer Legende sei das Kreuz Christi aus Mistelholz geschnitten worden, was aber eher dem Versuch geschuldet ist, alte heidnische Bräuche in christliche Legende umzudeuten, als dass es wahr sein könnte.

Plinius schreibt in seiner „Naturgeschichte", wie Priester im weißen Gewand die „alles Heilende" am sechsten Tag nach Neumond ebenfalls mit einer goldenen Sichel entnahmen. Bei Daniel Casper von Lohenstein liest sich das so: *Diesen Mistel schnitte ein weiß-gekleideter Priester mit einer güldenen Sichel am NeuMonde / welcher das dreissigste Jahr anfinge / vom Baume ab / und hüllete ihn in ein weiß Kleid ein; worunter zwey weisse Ochsen geopfert / dieser Mistel aber / welcher eben des in die Hölle steigenden Eneas güldener Zweig gewest wäre / wenn man davon trincke / für ein Mittel zur Fruchtbarkeit / eine Artzney wider alles Gifft / und eine Ursache vielen Glückes verwahret würde.*

Mistelzweige erfüllten zeitweise auch die Aufgabe einer Wünschelrute. Sie deuteten auf unterirdische Wasserläufe, Erdrisse oder Verwerfungen und zeigten verborgene Schätze an.

Pappel

Die Pflanze:

Pappeln *(Populus)* sind eine Gattung aus der Familie der Weidengewächse *(Salicaceae)*. Die sommergrünen Bäume oder Sträucher wachsen in Nordamerika und Eurasien an Flussufern und in Wäldern. In Mitteleuropa sind die Schwarzpappeln *(Populus nigra)*, die Silberpappeln *(Populus alba)*, und die Zitterpappeln *(Populus tremula)* heimisch; daneben die natürliche Hybride Graupappel (*Populus canescens)*. Die schnell wachsenden zweihäusigen Bäume werden 100 bis 200 Jahre alt und erreichen eine Wuchshöhe von 30 bis 45 Meter. Der aufrechte Stamm hat eine raue oder glatte, häufig graue Borke. Die Blätter sind dreieckig, herz- oder eiförmig und entweder ganzrandig oder gelappt. Der Blattstiel ist lang, der Querschnitt rund oder seitlich abgeflacht.

Pappeln haben eine Pfahlwurzel und stark ausgeprägte horizontale Wurzeln, die nach unten abzweigen und bis über drei Meter tief in den Boden reichen. Die Frucht ist eine zwei- bis vierklappige Kapsel mit zahlreichen Flugsamen, die von einem langen, dichten Flausch aus Haaren umgeben sind. Das Gewicht eines Samens beträgt nur einige Zehntel Milligramm, dafür kann ein Baum pro Jahr über 25 Millionen Samen produzieren, die durch den Wind ausgebreitet werden.

Die aus Italien eingeführte Baumart wird seit dem 18. Jahrhundert in Mitteleuropa als Straßen- und Alleebaum gesetzt. Für ihre schnelle Verbreitung sorgte Napoleon Bonaparte, der sie zur besseren Orientierung im Winter sowie als Schattenspender im Sommer an den Heerstraßen anpflanzen ließ, weswegen der Dichter Friedrich Rückert zürnte:

Da stehen sie am Wege nun
die langen Müßiggänger,
und haben weiter nichts zu tun
und werden immer länger.

Der Name:

Der Baumname Pappel geht zurück auf das ahd. *papulâ, pappulâ, pappalâ, pappillâ,* mhd. *papele, papel* aus lat. *papula.* Die Herkunft des lateinischen Wortes ist nicht gesichert. Das Grimmsche Wörterbuch schreibt: *papula, die malve: malva haißt papel. pappel, bappel und popel, poppele; pappel ist im Westerich ein gemeiner nam, dann es werden alle breite kreutter, sonderlich die man nit wol kennet, mit dem namen pappel genennet, aber zů underscheid der andern nennen sie die klein malvam umb des scheübelechten samens willen käszpappeln und hasen- oder genszpappeln; die ander und gröszer nennet man roszpappel. BOCK kräuterb. 119b; aus disen und andern pappeln mag man salat machen.* Und verweist auf Hans Sachs: *wir essen pappeln, kraut und grasz.*

In einigen Regionen Deutschlands nennt man den Löwenzahn Pappelstock. Das geht auf die von Grimm beschriebenen fliegenden Samen und die ursprüngliche Bedeutung des Wortes Pappel zurück.

Die lat. Artepitheta der Schwarzpappel *nigra* bedeuten schwarz, der Silberpappel *alba* weiß und das *tremula* der Zitterpappel steht für zitternd.

Die Nutzung:

Pappeln bilden Phenol-Glykoside, Flavonoide und Tannine. Zu den besonders in Blättern, Zweigen und in der Rinde vorhandenen Phenol-Glykosiden zählen Salicin, Salicortin, Tremuloiden und Tremulacin.

Im Herbst werden im Stamm aus der gespeicherten Stärke die Zucker Saccharose, Raffinose und Stachyose gebildet. Stärke kommt im Winter nur in geringen Mengen vor, während Raffinose und Stachyose je sechs bis sieben Prozent der Stamm-Trockenmasse ausmachen können. Auch Fette, die aber nur einen Teil der Reservestoffe darstellen, werden im Stamm und in der Borke gespeichert.

Pappeln sind sehr raschwüchsige Bäume und bereits nach 30 bis 50 Jahren ausgereift. Pappelholz stammt meist von Kultursorten, die durch Züchtung aus verschiedenen Pappelarten hervorgegangen sind.

Das splitterfeste Holz ist leicht spaltbar und widersteht Abnutzung aufgrund der Faserverfilzung an der Holzoberfläche und an den Reibflächen sehr gut. Wegen dieser Eigenschaften und seines relativ geringen Gewichts wurde Pappelholz in der Prothetik verarbeitet, inzwischen aber mehr und mehr durch technische Kunststoffe ersetzt.

Als Rund-, Industrie- und Schnittholz werden große Mengen energetisch verwertet (unter anderem in Heizwerken).

Pappeln fanden auch Verwendung in der Volksmedizin. Die Knospen der weißen Pappel sollen den Haarwuchs fördern, in Wasser und Essig gesotten Zahnschmerz stillen. Das in hohlen und abgehauenen Stämmen stehengebliebene Wasser könne Warzen, Pusteln, allerlei Flecke, Masern und Grind vertreiben. Die zarten Blätter an den dünnsten Zweigen und Ästen der weißen und der schwarzen Pappel wurden zur Heilung der Wunden und Geschwüre aufgelegt. Mit einem Bad aus Pappellaub sollte eingewurzelte Gicht und

Wassersucht geheilt werden. Die Salicylsäure ist ein dem Aspirin ähnlicher Stoff mit schmerzstillender und entzündungshemmender Wirkung.

Dioskurides beschreibt die Wirkung der Pappelrinde bei Harnzwang und Ischias, aber auch *tröpfchenweise als lauwarmer Saft* ins Ohr geträufelt bei Ohrenschmerzen. Hildegard von Bingen empfiehlt Salbenmischungen mit einem Zusatz aus Pappelrinde bei Hauterkrankungen. Tee aus Pappelrinde diene zur Senkung des Fiebers, das noch bis ins 17. Jahrhundert als eigenständige Krankheit galt. Hieronymus Bock empfiehlt Pappelsalbe bei *wynden,* also als äußerliche Anwendung. Auch Matthiolus empfiehlt die Verwendung von Pappelknospen zur Salbenherstellung gegen entzündete Haut und Verbrennungen. Da viel altes Wissen verloren gegangen ist, lässt sich aber nicht mehr in jedem Falle mit Sicherheit sagen, um welche Art der Pappel es sich dabei handelt.

Die Legende:

Im 10. Gesang der Odyssee lesen wir: *Und an dem niedern Gestad' und den Hainen Persephoneiens, / Voll unfruchtbarer Weiden und hoher Erlen und Pappeln; / Lande dort mit dem Schiff' an des Ozeans tiefem Gestrudel.*

Schwarzpappeln überschatteten altgriechische Begräbnisstätten. Vergil beschreibt in der „Aeneas“, dass Herakles einen Kranz aus Schwarzpappeln trug, als er den Höllenhund Kerberos besiegte. Dessen Schweiß habe die Blätter hell gefärbt. Das ist der Ursprung der Weißpappel. Die Nymphe Leuke (griech. *leukos* = weiß) hat sich in eine Weißpappel verwandelt und am Ufer des *Flusses der Erinnerung* Wurzeln geschlagen, um den Zudringlichkeiten von Hades zu entgehen.

Im Alten Testament haust das Untier Behemot im sumpfigen Grund der Schöpfung in der Nähe von Schwarzpappeln: *Die Lotosbüsche, sein Schatten, bedecken ihn; es umgeben ihn die Bachpappeln* (Hiob 40,22).

Die Kelten haben der Pappel wegen ihres vielseitig verwertbaren Holzes und ihres raschen Wuchses, was sie als Zeichen des Strebens nach Überwindung der Ungewissheit deuteten, drei Jahreszeiten gewidmet. Bei den Germanen hingegen spielte die Pappel kaum eine Rolle.

Die zweite Strophe des Gedichts „Frieden der Nacht“ von Richard Dehmel lautet:

Tief im Gefild die blauen Nebel schleichen,
vermählen Erd' und Himmel sich im Duft; –
und wiegend tauscht die Pappel ihre weichen
schwermüt'gen Küsse mit der Luft.

Pfirsich

Die Pflanze:

Der Pfirsichbaum *(Prunus persica)* gehört zur Familie der Rosengewächse *(Rosaceae).* Seine Früchte zählen zum Steinobst. Der Baum erreicht eine Wuchshöhe von einem bis zu acht Meter. Die geraden, kahlen Zweige sind auf der Sonnenseite rot gefärbt, auf der der Sonne abgewandten Seite grün.

Die lanzettlichen Laubblätter, deren Ränder doppelt gezähnt sind, werden acht bis 15 Zentimeter lang sowie zwei bis vier Zentimeter breit. Die kurz gestielten Blüten entfalten sich noch vor den Blättern. Die längsgefurchte Steinfrucht hat einen Durchmesser von vier bis zehn Zentimeter. Sie ist glatt, aber oft mit einer samtigen Behaarung bedeckt.

In China war der Pfirsich schon vor 4000 Jahren bekannt. Über Persien kam er nach Griechenland, danach durch die Römer nach Mitteleuropa. In unseren Breiten wird der Pfirsich wegen seines Wärmebedürfnisses vor allem in Weinbaugebieten angebaut.

Der Name:

Die Römer lernten den Baum durch die Perser kennen. Deshalb nannten sie ihn *persica arbor* (= persischer Baum) oder kurz *persicus.* Die Frucht bezeichneten sie mit *persicum malum,* also persischer Apfel. Daraus entwickelte sich der deutsche Name Pfirsich. Das Wort existiert im Kern auch noch weiter in ital. *pesca,* frz. *pêche,* engl. *peach.* Bis ins 18. Jahrhundert gebrauchte man auch noch die alte Form Pfersich: *dâ stuont ein wünneclîcher boum, / dâ pfersich ûfe bluoten,* heißt es in einem mittelalterlichen Gedicht. Bei Tabernaemontanus steht: *der kern eines pfersings.*

Die Nutzung:

Weiß-, gelb- und rotfleischige Pfirsiche bereichern roh und in der unterschiedlichsten Zubereitung unsere Nahrung. Eine Variante zu den bekannten runden Sorten ist der Plattpfirsich *(Prunus persica var. platycarpa),* bekannt auch unter der Bezeichnung Wild- oder Bergpfirsich. Gut ausgereift ist er deutlich aromatischer als die bekannten runden Früchte.

Zur arzneilichen Verwendung liegen nur wenige Angaben vor. Wie meistens, ist Hildegard von Bingen eine gute Adresse. Sie schrieb, dass die unreife Frucht samt Kern, Blättern, Wurzeln, Harz und Rinde zur äußerlichen Anwendung bei tränenden Augen, Kopfschmerzen und Gicht anzuwenden sei.

Der im 14. Jahrhundert wirkende Konrad von Megenberg (latinisiert Conradus de Montepuellarum) weiß: *isst man die pfersich nach anderm essen, sô zerprechent si die andern kost in dem magen und verderbent si.*

Auch Tabernaemontanus rät zur Vorsicht: *die pfersing sind dem magen gar schädlich.* Der im 17. Jahrhundert lebende Moraltheologe und Schriftsteller Friedrich Spee dichtete: *die pfersich bleich wie falber tod.*

Dagegen lesen wir bei Brokes (auch Brockes): *des pfirsichs edle frucht.* Von ihm stammen auch die schönen Verse: *zart' und sanfte rauhigkeiten / werden an der pfirsichhaut / mit verwunderung geschaut.* Und Lenau gar: *ihr beiszet da mit solcher lust den pfirsich.*

Und noch einmal Brokes: *pfirsche sind vor andern früchten / dankens- und bewundernswerth, / es ist uns zu viel gerichten / ihr so saftig fleisch beschert.*

Vermutlich haben die gegensätzlichen Beschreibungen mit der Tatsache zu tun, dass die Frucht in Mitteleuropa zu der Zeit noch relativ unbekannt gewesen ist. Wahr ist, und auch das mag zur negativen Beschreibung geführt haben, dass der Samen sehr giftig ist und etwa 6,5 % Blausäure abspaltendes Amygdalin enthält. Im alten Ägypten wurden Verbrecher mit Pfirsichkernen hingerichtet. Auch die Blätter enthalten ein verwandtes Blausäureglykosid.

Die Blätter werden in Japan dem Badewasser zugesetzt, um Ekzeme und Hautentzündungen zu lindern. Außerdem machen sie eine schöne Haut, sorgen für gute Stimmung, stärken Herz und Kreislauf und senken den Blutdruck.

Vor der Erfindung synthetischer Kleber wurden die gummiähnlichen Ausscheidungen der Frucht als Leim verwendet.

In China werden Schutzamulette und Rollen für Neujahrssprüche traditionell aus Pfirsichholz gefertigt. Die Figuren der göttlichen Torhüter, Pfeil und Bogen für die Jagd auf Dämonen wurden aus Pfirsichholz gemacht.

Kämme, Küchenbrettchen oder kleine Accessoires für die Wohnung aus Pfirsichholz kennt man auch in unseren Breiten.

Die Legende:

Es nimmt nicht wunder, dass der Pfirsich in seinem Ursprungsgebiet Gegenstand zahlreicher kultischer Verehrung war und bis heute noch ist. Clemens Zerling beschreibt das in seinem „Lexikon der Pflanzensymbolik“ ausführlich. Er bezieht sich dabei auf den Roman „Hsi-yu chi“ (dt.: Die Reise nach dem Westen) aus dem 16. Jahrhundert. Die signalroten Blüten symbolisierten den Sieg der Frühlingssonne über alle Widrigkeiten.

Louise Moillon:
Korb mit Pfirsich und Trauben.

In der bildenden Kunst, z.B. bei der französischen Malerin Louise Moillon, gehört die Darstellung von Pfirsichen als „appetitliches" Sujet gleichsam als Blickfang dazu. Pfirsiche auf den Bildern der Renaissance-Maler können auch als Symbol für die Einheit von Herz und Zunge gedeutet werden in dem Sinne, dass die Blätter die Zunge und die Frucht das Herz bedeuten.

Erscheint die Frucht bei Maria, ist Fruchtbarkeit in Gedanken, Wort und Werk – schließlich auch Erlösung zu erkennen. Das korrespondiert mit einem alten chinesischen Dichter um 1228, der den „Glücklichen Geist des Pfirsichs" mit einem Eremiten verglich, der frei von allen weltlichen Anfälligkeiten lebt.

Reich sind im Volksmund und in der Literatur die Vergleiche eines Pfirsichs mit der Schönheit eines jungen Mädchens, der man eine Pfirsichhaut bescheinigt, sanft und durchscheinend mit einem leichten Flaum bedeckt: *wie scheue mädchen guckt aus ihrem laub hervor / die sammtne pfirsiche,* schwärmt Johann Baptist von Alxinger in einem Rittergedicht.

Etwas deutlicher und direkter wird Moritz August von Thümmel: *wie die pfirsich nichts von ihrer güte weisz, / wenn sie auf der natur geheisz / sich färbt, mit woll umzieht und endlich süszgefüllt / der lüsternheit entgegenschwillt.*

Gottfried August Bürger bemüht in seinem Gedicht „Die beiden Liebenden" ebenfalls den Pfirsichvergleich:

Selinde schenkt mir Nektar ein.
Erst aber muß sie selber nippen.
Hierauf kredenzet sie den Wein,
Mit ihren süßen Purpurlippen.
Der Pfirsich, dessen zarten Flaum
Ihr reiner Perlenzahn verwundet,
Wie lüstern macht er Zung' und Gaum!
Wie süß mir dieser Pfirsich mundet!

Deutlich melancholischer klingt es bei Georg Trakl in „Helian":

Rötlich glüht der Pfirsich im Laub;
Sanfte Sonate, frohes Lachen.

Pflaume

Die Pflanze:

Die Pflaume oder Kulturpflaume *(Prunus domestica)* gehört in die Familie der Rosengewächse *(Rosaceae)*. Der Baum erreicht eine Wuchshöhe von sechs bis zehn Meter. Die Rinde ist graubraun und beinahe glatt. Junge Zweige sind kahl oder bis ins zweite Jahr leicht behaart, unbewehrt oder verdornend. Die sich meistens an den Kurztrieben befindlichen Knospen sind viereinhalb bis fünf Millimeter lang. Die länglich-elliptischen Laubblätter sind am Rand gekerbt bis gesägt, oberseitig stumpfgrün und auf beiden Seiten meist kahl. Zwei bis drei Blüten sind zu einer sitzenden Dolde angeordnet.

Die unterschiedlich gestalteten und meist bereiften, zwischen ein bis acht Zentimeter langen Früchte sind schwarz, blauschwarz, blau, blaurot, violett, purpurrot, rot, gelb und gelbgrün. Das saftige Fruchtfleisch schmeckt süß bis herb. Der kugelige bis ellipsoide Kern ist über 13 Millimeter lang.

Carl von Linné, der die Pflaume 1753 als Erster beschrieb, unterteilt in sieben Unterarten: Zwetschge oder Zweschke *(Prunus domestica subsp. domestica)*, Kriechen- oder Haferpflaume *(Prunus domestica subsp. insititia)*, Halbzwetsche *(Prunus domestica subsp. intermedia)*, Edelpflaume *(Prunus domestica subsp. italica)*, Spilling *(Prunus domestica subsp. pomariorum)*, Zibarte – auch Ziparte – *(Prunus domestica subsp. prisca)* und Mirabelle *(Prunus domestica subsp. syriaca)*.

Der Name:

Das deutsche Wort Pflaume ist aus dem lat. *prunus* (= Pflaumenbaum) bzw. *prunum* (= Pflaumenfrucht) über ahd. *pfrūma*, mhd. *pfrūme, pflūme* entstanden. Die Unterart Zwetschge ist vermutlich eine Verballhornung des sich auf die Herkunft beziehenden Wortes Damaszener; denn Alexander der Große hat die Pflaume von seinen Kreuzzügen aus Damaskus, dem Zentrum des Pflaumenhandels, mitgebracht. Die Unterart Spilling steht vermutlich im Zusammenhang mit Spindel, die aus Spindelholz gefertigte Vorrichtung zum Verdrillen der Fasern beim Spinnen. Die Zibarte, eine Schlehenpflaume, geht auf ihr Herkunftsland Zypern zurück. Die Bezeichnung der Kreuzung Mirabelle ist im 19. Jahrhundert aus dem Französischen entlehnt worden. Die Herkunft das Namens ist nicht gesichert. Der Namensteil *-belle* bedeutet schön.

In verschiedenen Redewendungen wird die Pflaume als Vergleich herangezogen. Steckt jemand triumphierend den ersten Stich beim Kartenspiel ein, sagt man warnend: Die ersten Pflaumen sind madig. Redewendungen wie pflaumenweich oder „Du Pflaume!“ haben allerdings nichts mit der Baumfrucht zu tun: Wer noch kein ganzer Kerl ist, hat noch keinen Bart, sondern nur Flaum über der Oberlippe. Ordinär-umgangssprachlich bezeichnet man die Vagina als Pflaume.

Das Adjektiv *domestica* weist auf eine Zuchtform (domestiziert) hin; die eigentliche Wildform der Pflaume ist nicht mehr bekannt.

Die Nutzung:

Der Anbau von Pflaumenbäumen geht in unseren Breiten auf Karl den Großen zurück. Die Wirkung der Frucht beschrieb bereits vor 2000 Jahren der Römer Martial: *Nimm Pflaumen für des Alters morsche Last, denn sie pflegen zu lösen den hartgespannten Bauch.*

Hildegard von Bingen riet allerdings zur Vorsicht, weil die bitteren Säfte den Menschen aufwühlen würden. Lediglich als Mittel gegen Schuppen und Haarausfall ließ sie die Pflanze gelten, und gegen schweren Husten, auch Keuchhusten, empfahl sie eine Kur mit Pflaumenkernen. Pflaumen erleichtern die Darmentleerung, entwässern und entgiften den Körper, helfen also bei Nieren- und Leberleiden, Gicht und Rheuma. Pflaumenkerne enthalten das sehr giftige blausäureabspaltende Amygdalin.

Das harte, dichte Holz des Pflaumenbaumes ist schwer zu trocknen, schwindet stark und reißt sehr leicht. Das gut zu drechselnde und zu polierende Kernholz ist streifig von rosa über braun nach violett. Der Splint ist gelblich. Das Holz wird hauptsächlich für Holzblasinstrumente verwendet, aber auch beim Bogenbau, für Fasshähne, Knöpfe, Messerhefte und für Kopien historischer Musikinstrumente.

Die Legende:

Weniger in Europa, umso verbreiteter aber in China, wird die Pflaume mit vielen Vergleichen bedacht. Sie gilt als Symbol des Frühlings, der Jugend und der Reinheit, weil der Baum blüht, bevor die Blätter ausgetrieben werden. Das aus der Pflaume entwickelte chinesische Zeichen *mei* bedeutet Glück, neues Leben, Erneuerung, Vergänglichkeit, Unberührtheit, jungfräuliches Mädchen, sexuelle Freuden, aber auch Winter, weil seine Blüten selbst dann aufgehen, wenn Schnee und Eis sich einmal bis in den Frühling erstrecken. In diesem Zusammenhang bedeutet das Zeichen *mei* auch Willensstärke. Japanische Samurai trugen Wildpflaumen als Emblem.

Shen Quan (1682-1762).
Pflaume, Kiefer und Kranich.
Rollbild, Tusche und Farbe.

Wie tief verwurzelt der Pflaumenbaum und die Pflaume in der Vorstellung dieser Völker sind, belegen ihre immer variierenden Darstellungen in der Malerei.

In den asiatischen Ländern gehen die Menschen mit der Sexualität phantasievoller und direkter um als im zum Teil prüden Mitteleuropa. Die Herrschaften nannten ihre Dienstmädchen und Zofen „Pflaumenblüte", womit sehr direkt auf einen besonderen Dienst hingewiesen wurde. Wenn man eine Nebenfrau heiratete, dann blühten die Pflaumen zum zweiten Mal. Die Umschreibung meinte auch, dass man zweimal nacheinander den Geschlechtsverkehr (ein sehr deutsches Wort!) vollzog. Die Weidenpflaumenkrankheit war Syphilis, weil deren Beulen aussehen wie Pflaumenblüten. In Japan steht der Pflaumenbaum symbolisch für eine glückliche Ehe.

In europäischen Vorstellungen verbindet man die Pflaume mit raschem Wachstum und ertragreicher Ernte, aber auch mit weiblicher Fruchtbarkeit, mit Treue und Zuverlässigkeit.

Wilhelm Busch erzählt in „Eduards Traum" von zwei Damen, der Frau Präsidentin nebst Tochter, die in den Anlagen einer Handelsgärtnerei wandeln. Letztere hatte sich Pflaumen gekauft. *„Oh, Mama!", spricht sie beklommen. „Ich kriege so –". „Pfui, Pauline!", unterbrach sie die zartfühlende Mutter. „Von so etwas spricht man nicht!"*

Karl Bartsch beschreibt ein Mittel gegen die Süchte: *Am Freitag Abend und während der Nacht harne in ein Gefäß, wirf in dasselbe vor dem Schlafengehen von neun verschiedenen Fruchtbäumen (am besten: Pflaumen, Kirschen, Aepfel, Birnen, Flieder, Johannisbeeren, Stachelbeeren, Brombeeren, Himbeeren) einen zweig, woran noch die Frucht- oder Blattknoten sind. Diejenigen, die Morgens am Grunde liegen, gieße mit dem Harne aus, die schwimmenden Zweige zeigen die Zahl der Suchten an, diese nimm und hänge sie in den Schwibbogen.*

Von Jean Paul erfahren wir, woher der Name Reineclaude kommt. *Die Gemahlin Franz I. von Frankreich speist gern eine gewisse Pflaume – jetzt wächst ihr Name ewig als Obst am Pflaumenbaum Reine Claude.*

Quitte

Die Pflanze:

Die Quitte *(Cydonia oblonga)* ist die einzige Pflanzenart innerhalb der Gattung *Cydonia.* Sie gehört zu den Kernobstgewächsen *(Pyrinae)* in der Familie der Rosengewächse *(Rosaceae).* Der sommergrüne Strauch oder Baum erreicht bis zu sechs Meter Höhe. Die jungen violetten Zweige sind zunächst behaart, später bräunlich violett und glatt. Die beim Austrieb ebenfalls behaarte Blattspreite ist bis zehn Zentimeter lang und drei bis fünf Zentimeter breit, der Blattrand glatt. Die Blüten stehen einzeln.

Quitten blühen im Mai und Juni. Die duftenden Früchte sind gelb und behaart. Sie enthalten viele Samen und ähneln im Aufbau Äpfeln oder Birnen. Entsprechend der äußeren Form der im Spätherbst bis November geernteten Quittenfrucht unterscheidet man Apfelquitten und Birnenquitten. Ursprünglich war die Quitte im östlichen Kaukasus und im Transkaukasus beheimatet. Nachweise reichen über 4000 Jahre zurück. Bei den Griechen war sie ab 600 v. Chr., bei den Römern ab 200 v. Chr., aber in Mitteleuropa erst seit dem 9. Jahrhundert – bevorzugt in Weinbaugebieten – bekannt. Der erwerbsmäßige Anbau ist in Deutschland selten. In Baden-Württemberg und im Rheinland werden gute Fruchtqualitäten erzielt.

Der Name:

Die Quitte verdankt ihren wissenschaftlichen wie ihren deutschen Namen der griechischen Stadt Kydonia, heute Chania, im Nordwesten der Insel Kreta. Andere im deutschen Sprachraum gebräuchliche Bezeichnungen sind Kitte(nbaum), Kötte(nbaum) oder Kütte(nbaum) und Schmeckbirne.

Auf Umwegen ist die Quitte auch Namensgeber für das Wort Marmelade, denn im portugiesischen Sprachgebrauch trägt sie die Bezeichnung *marmelo,* hergeleitet vom griechischen *melimelon* (= Honigapfel).

Die lateinische Beifügung *oblonga* bedeutet länglich und bezieht sich auf die birnenähnliche Fruchtform der Quitte.

Die Nutzung:

Quittensamen enthält Schleimstoffe, giftiges Cyanid-Glykosid und Öl, die Frucht selbst Vitamin C, Kalium, Natrium, Zink, Eisen, Kupfer, Mangan und Fluor, Gerbstoffe, Gerbsäure, organische Säuren, viel Pektin und Schleimstoffe.

Die Früchte und die Samen der Quitte wurden schon in der Antike bei Durchfall und Fieber und zur Stärkung des Magens empfohlen. Quittentee von den Kernen, mit frischem Wasser aufgekocht und auf kleinem Feuer fünf Minuten köchelnd, soll bei Nervosität, Schlaflosigkeit und Mundgeruch helfen. Durch das Einkochen von Quittenkernen mit etwas Wasser entsteht Quittenschleim, der äußerlich angewendet gegen Entzündungen und Wunden, rissige Haut und Sonnenbrand hilft. Innerlich angewendet wirkt er gegen Magenschleimhautentzündungen, Halsweh, Husten oder Bronchitis.

Hippokrates empfahl Quitten gegen Durchfall und Fieber. Galen setzte Quittensaft zur Stärkung des Magens ein. Sein Rezept bestand aus Quitten, Honig, Ingwer, Pfeffer und Essig, was zwei bis drei Stunden vor dem Essen einzunehmen war.

Karl der Große schrieb in seinem „Capitulare de villis et cortis imperialibus", dass diese Früchte in jeden Garten gehören, sie seien die Heilquelle des Körpers und des Geistes. Auf dem Friedhofsplan des Klosters St. Gallen aus dem Jahre 820 ist neben anderen Gehölzen auch die Quitte verzeichnet. Hildegard von Bingen schreibt: *Der Quittenbaum ist mehr kalt und gleicht der Schlauheit, die manchmal unnütz ist und manchmal nützlich. Aber sein Holz und seine Blätter sind nicht sehr nützlich zum Gebrauch des Menschen, und seine Frucht ist warm und trocken und hat eine gute Mischung in sich. Wenn sie reif ist, schadet sie roh gegessen weder dem kranken noch dem gesunden Menschen, aber gekocht oder gebraten ist sie dem Kranken und dem Gesunden sehr bekömmlich.*

Die in Mitteleuropa wachsenden Quitten können nicht roh gegessen werden, weil sie zu hart und zu bitter sind. Die in der Türkei angebaute *Shirin-Quitte* ist hingegen roh genießbar.

Wilhelm Busch: „Naturgeschichtliches Alphabet". Das Quarz sitzt tief im Berges-Schacht, Die Quitte stiehlt man bei der Nacht.

Aus Quitten wird Marmelade, Kompott, Mus, Saft, Gelee (Quittenkäs) und auch Likör oder Schnaps hergestellt. Bei der Produktion von Apfelwein wird Quitte gelegentlich als Zugabe verwendet. Gebacken eignet sie sich als Dessert oder Beilage zu Fleisch. Quittenbrot ist ein mit Zucker vermischtes eingedicktes Quittenmus. Und als *Dulce de membrillo* kennt man in spanischsprachigen Ländern eine traditionelle

Weihnachts- oder Wintersüßigkeit aus Quitten. Quittenhonig stellte man her, indem in einem weithalsigen großen Krug Quitten geschichtet, mit Weidenzweigen abgedeckt und dann mit dem feinsten und flüssigsten Honig aufgefüllt wurden.

Auch in Grimms Wörterbuch wird auf den Verzehr und die heilende Wirkung der Quitte verwiesen: *es werden die quitten zu der speisz und artznei bei armen und reichen fast gelobt.*

Geerntet werden die Quitten am besten, wenn sie noch nicht ausgereift sind, weil später das in den Früchten enthaltene Pektin zunehmend abgebaut ist. Bester Erntezeitpunkt ist die Zeit, in der die Farbe der Früchte von grün nach gelb umschlägt. Später tritt rasch eine Bräunung des Fruchtfleisches auf. Zum idealen Zeitpunkt geerntete Früchte lassen sich getrennt von anderem Obst bis zu zwei Monate lagern.

Die Legende:

Im Dreiundsechzigsten Stück der „Hamburgischen Dramaturgie“ von Gotthold Ephraim Lessing lesen wir: … *und um einen bessern Geschmack wieder in den Mund zu bekommen, läuft er geschwind ab, eine Quitte oder Olive darauf zu kauen.*

Friedrich Rückert muss weniger gute Erfahrung mit der Frucht gemacht haben, denn in „Ritornello“ schreibt er: *Blüte der Quitte! / Du trägst die Früchte nur für's Krankenbette; / O trag mir keine Früchte mehr, ich bitte.*

Der Volksmund weiß es besser: *Doch die edle Frucht der Quitten, / keinem Kranken schadet sie.*

Des Lobes voll war der Dichter Brokes, als er schrieb: *auch die rauhen quitten hegen / zum vergnügen unsrer brust, / wenn wir ihr gewächs erwägen, / nahrung, kühlung, nutz und lust.*

Der „kydonische Apfel“, wie man die Quitte auch nannte, war eine Frucht der Aphrodite. Bevor eine Braut das Schlafgemach betrat, musste sie eine Quitte essen, um sich der Göttin als willig zu erweisen, die Ehe auch wirklich vollziehen zu wollen. Allerdings wurde in der Antike zwischen der Bezeichnung Apfel und Quitte nicht unterschieden. Beim symbolischen Gebrauch des Namens könnte es sich auch um eine Quitte gehandelt haben, die Paris gereicht wurde.

Die Römer opferten Quitten gern der Nachtgöttin in eindeutiger Absicht. Die Frucht galt als Glücks- und Fruchtbarkeitssymbol. Aß eine Frau viele Quitten während der Schwangerschaft, so würde sie schöne und intelligente Kinder zur Welt bringen, glaubte man.

Rohrkolben

Die Pflanze:

Rohrkolben *(Typha)* sind eine von zwei Gattungen der Rohrkolbengewächse *(Typhaceae)* in der Ordnung Süßgrasartige *(Poales)*. Die Wasser- und Sumpfpflanzen gedeihen in dichten Beständen in Feuchtgebieten, den so genannten Röhrichtzonen. Auffälligstes Kennzeichen der Rohrkolben ist der zweiteilige Blütenstand aus einem rein weiblichblütigen und einem darüber befindlichen rein männlichblütigen Kolben.

Rohrkolben sind weltweit in den gemäßigten Zonen bis in die Tropen anzutreffen. Weit verbreitet in den temperaten Zonen (feuchte Mittelbreiten oder feucht-gemäßigte Zonen) der Nordhalbkugel bis nach Südamerika sowie in Teilen Afrikas ist der Breitblättrige Rohrkolben *(Typha latifolia)*, während andere Arten nur ein eingeschränktes Areal besiedeln, wie z.B. *Typha capensis* ausschließlich in einem Gebiet von Uganda bis Südafrika oder *Typha davidiana* nur in China.

Die sommergrünen Rohrkolben sind ausdauernde krautige Wasser- und Sumpfpflanzen mit kräftigen, unterirdisch kriechenden Rhizomen. Die steif aufrecht wachsenden ungestielten Laubblätter können eine Länge von bis zu vier Meter erreichen.

Rohrkolben sind monözisch, das heißt einhäusig getrenntgeschlechtlich. Der Blütenstand besteht aus einem dickeren, dem weiblichblütigen Kolben, über dem sich durch lange Sprossabschnitte getrennt, ein dünnerer rein männlichblütiger befindet. Rohrkolben blühen von Mai bis August.

Bei der Reife streckt sich der Stiel des Fruchtknotens und die Zwischenräume werden dicht mit wolligen Haarmassen ausgefüllt. Später lösen sich Gruppen von Früchtchen als kleine Wollklümpchen ab und werden vom Wind verbreitet.

Der Name:

Der Name der Pflanze erklärt sich durch die kolbenartige Blüte. Auch die volkstümliche Bezeichnung Pfaffenpint bedarf keiner Erklärung. Und der Weiherkolben ist ein am Weiher wachsender Rohrkolben. Regional wird die Pflanze mit Bezug auf eine spezielle Verwendung auch als Lampenputzer, Schlotfeger, Pompesel (das ist eigentlich der schmalblättrige Rohrkolben *Typha angustifolia)* oder Kanonenputzer bezeichnet.

Der Gattungsname *Typha* leitet sich mit Bezug auf die braune rauchähnliche Farbe der Fruchtkolben von griech. *týphos* (= Rauch) ab. Darauf wurde bei der Namensgebung Bezug genommen.

Das Artepitheton *latifolia* bedeutet breitblättrig (lat. *latus* = breit, *folium* = Blatt). Die Beifügung des Schmalblättrigen Rohrkolbens *angustifolia* ist zusammengesetzt aus lat. *angustus* (= schmal) und *folium,* folgt also der Bildung für den Breitblättrigen Rohrkolben.

Die Nutzung:

Inhaltsstoffe sind u.a. ätherische Öle, Flavanoide und hormonartige Verbindungen. Medizinisches Hauptanwendungsgebiet ist die Blutstillung. Die Pflanze wirkt außerdem beruhigend, harntreibend, kühlend, menstruationsfördernd, milchsekretionsfördernd und wundheilend. Die Volksheilkunde wendet Rohrkolben bei Abszessen, Angina pectoris, Bandwurmbefall, Durchfall und Wehenschmerzen an.

Die zu Tee verarbeiteten Pollen des Rohrkolbens werden aus den männlichen Blüten herausgeschüttelt. Man kann sie frisch oder getrocknet verwenden, indem man einen Teelöffel Pollen in 250 ml Wasser für 20 Minuten in einem Stofftuch kocht.

Als Räucherpulver soll der getrocknete Pollen blutstillend wirken. Mit Honig gemischt hilft die Salbe gegen Abszesse und andere Hautkrankheiten. Der Pollen der männlichen Blüten wird auch heute noch in der chinesischen Heilkunst eingesetzt.

Die Wurzel des Rohrkolbens ist ein schmackhaftes Gemüse. Man muss nur die äußeren Blätter entfernen, um an den markigen Kern zu kommen, den man auch roh genießen kann. Die stärkereichen Rhizome können als Gemüse gekocht werden wie ein Maiskolben, solange sie noch jung sind. Das „Gemüse“ wird im Frühling und frühen Sommer geerntet. Die Triebe erinnern geschmacklich an Artischocken. Die Stängel sind etwas kräftiger im Geschmack und lassen an Lauch denken, zumal sie in ähnlicher Weise verwendet werden können. Kurz in Butter geschwenkt entwickeln sie ihren Geschmack am besten.

Indianer verwendeten die Stärke der Wurzeln als Mehl, die bauschige „Wolle“ der Kolben als Füllung für Kissen, die langen Stängel zum Körbe flechten und die schmackhaften jungen Triebe zum Essen. Auch der nussige Pollen von den oberen Spitzen schmeckt gut. Seine Verwendung erinnert in gewisser Weise an Safran. Mit Mehl vermischt lässt sich Brot und Gebäck färben und aromatisieren.

Eine ganz andere Nutzung der Pflanze ist ihre Verwendung zur Reinigung von Abwässern in Kläranlagen und zur Entgiftung von Böden und Schlämmen. Diese Phytosanierung (griech. *phyton* = Pflanze) nutzt die im

Wurzelraum vergesellschafteten Mikroorganismen, ein Verfahren, bei dem die Behandlung des Bodens oder Wassers vor Ort stattfindet.

Rohrkolben eignen sich wegen ihrer hohen Primärproduktion besonders zur Kultivierung. Außerdem gewinnen Rohrkolben zunehmend an Bedeutung als Dämmmaterial, als Torfersatz oder als Bau- und Heizmaterial. Früher nutzte man sie auch – darauf deuten einige volkstümliche Namen noch heute hin – um die Glaszylinder der Öllampen von innen zu säubern. Auch für das Reinigen der Gewehrläufe waren die „Kanonenputzer" durchaus geeignet.

Die dekorativen Pflanzen sind bei der gärtnerischen Gestaltung und Bepflanzung von Teichen im Einsatz oder werden von den Floristen als Schmuckelement verwendet.

Die Legende:

Sophie von La Roche, über die Goethe in „Dichtung und Wahrheit" schrieb „Sie war die wunderbarste Frau, und ich wüsste ihr keine andre zu vergleichen. Schlank und zart gebaut, eher groß als klein, hatte sie bis in ihre höheren Jahre eine gewisse Eleganz [...] zu erhalten gewusst, die zwischen dem Benehmen einer Edeldame und einer würdigen bürgerlichen Frau gar anmutig schwebte", erzählt in „Erscheinungen am See Oneida": *Mein mir seit meiner englischen Reise so werthes Ferren-Kraut, stand in höchster Schönheit; das zweyblättrige Kolben-Kraut, Indian Graß, typha latifolia, wovon man die Saamen-Woll benützt, und aus den Stengeln geflochtene Sachen macht, traf ich in der höchsten Vollkommenheit an.*

Auch in den Erinnerungen Gustav Sacks „Der Lichtenhagen" spielt der Rohrkolben eine Rolle: *…hier war vor Zeiten Lehm gegraben – nun wucherten in den ausgewühlten Löchern die Rohrkolben und quakten die Grünröcke und nebenan, umrahmt von Ginster und Brombeergestrüpp lag ein Acker mit kärglichem Hafer.*

Über die seltsame Verwandlung einstiger Abbildungen auf dem Wappen derer von Henneberg schreibt Ludwig Bechstein: *Von da ab wurde und blieb der neuen Grafschaft der Name Mansfeld, und in das Wappen, das die Grafen annahmen, wurden Gerstenkörner gestellt, welche die Heraldiker hernach Wecken nannten, weil sie den Ursprung vergessen hatten und die Körner undeutlich ausgedrückt fanden, wie sie aus den ursprünglichen Pfauenschweifwedeln durch den Hut überm Wappen der alten Grafen von Henneberg ein paar unbedeutende Rohrkolben gemacht und andere solche Schnitzer mehr auf gar vielen alten Geschlechterwappen.*

Schachtelhalm

Die Pflanze:

Der Ackerschachtelhalm *(Equisetum arvense)* ist eine Pflanzenart aus der Klasse der Schachtelhalmgewächse *(Equisetopsida)*. Die reich verzweigten, behaarten Rhizome reichen bis 1,60 Meter tief in den Boden hinein. Der Stängel hat sechs bis 20 mit glatten oder stumpfen, niedrigen Papillen besetzte Rippen. Die Äste sind vier- bis fünfkantig, nicht hohl und haben am Grund eine gelbliche, etwa ein Millimeter lange Asthülle.

Der Ackerschachtelhalm ist auf der Nordhalbkugel weit verbreitet. Eingeschleppte Vorkommen gibt es in Südafrika, Australien und Neuseeland. Er gedeiht auf Äckern, an lehmigen feuchten Wiesenrändern, auf Gräben und Böschungen und ist eine Zeigerpflanze für Staunässe.

In der Landwirtschaft wird der Ackerschachtelhalm mit Herbiziden bekämpft. Dabei kann der Ackerschachtelhalm nicht gänzlich vernichtet werden. In Japan wird er als Gemüse angebaut.

Vor ca. 400 Millionen Jahren war der Schachtelhalm baumgroß und bevölkerte riesige Wälder zusammen mit Riesenfarnen und Moosen. Wie diese, so hat auch der Schachtelhalm keine Blüten, sondern vermehrt sich durch Sporen.

Der Name:

Die seit dem 18. Jahrhundert gebräuchliche Bezeichnung „Schachtelhalm" wird von Söhns auf „Schafthalm" zurückgeführt, der sich übrigens im lateinischen Artnamen *Equisetum* erhalten hat. Der Niederdeutsche verwandelte das „f " vor dem „t" häufig in „ch" (z.B. *after* in *achter* oder *stift* in *sticht* und eben *schaft* in *schacht* einschließlich der Verkleinerungsform *schachtel)*. Der Wortteil Schaft(el) bezieht sich auf die schaftartig ausziehbaren Stängelteile.

Die Pflanze trägt in unterschiedlichen Gegenden eigene Namen. An der Nahe und im Hunsrück vergleicht man die von einer Blattscheide eingefasste Höhle, die beim Herausziehen eines Stängelgliedes entsteht, mit einer Nadelbüchse. Daher kommt die Bezeichnung Spengelbüchse, denn Spengel bedeutet Nadel. Die Schlesier übertrugen die Ähnlichkeit zu einem Katzenschwanz und sagen Katzenzagel, auch Katzenwedel. Zagel ist ein altes Wort für Schwanz, sodass im Niederdeutschen der Steert als Vergleich herhalten musste: Kattensteert. Im Hannoverschen spricht man vom Rattenschwanz, im Bergischen vom Fuchsschwanz, der Österreicher sagt Weghansel, der Nordböhme gebraucht das Wort Spinnlich.

Die Bezeichnung Zinnkraut, Zinngras oder Zinnheu hat einen ähnlichen Hintergrund wie das in Thüringen gebräuchliche Wort Scheuerkraut oder Kannkraut. An einer schattigen Stelle (nicht am Feuer und nicht an der Sonne) getrockneter, noch junger Ackerschachtelhalm wurde zum Scheuern von Zinn- und Kupfergerät genommen, weil es keine Kratzspuren auf dem Metall hinterlässt. Dazu gehört auch die Bezeichnung Pfannebutzer, Bandwisch oder Reibwisch. In Mecklenburg vergleicht man den Stängel mit einem aus mehreren Teilen zusammengesetzten Pfeifenrohr und sagt Pipensteel.

Der lateinische Gattungsname *Equisetum* setzt sich zusammen aus *equus* (= Pferd) und *seta* (= Schwanz), analog zu griech. *hippouris* (= rossschweifig). Brunfels schreibt dazu: *... pferd schwantz hüeß, oder pferd zagel, dann ist es gleich einem pferd schwantz, in höhe anderthalben ellenbogen hoch, vilen wol bekannt.*

Die Beifügung *arvensis*, abgeleitet vom lat. *arvum* (= Acker), bezeichnet die bevorzugten Plätze der Pflanze, wie in dem Wort Ackerschachtelhalm deutlich wird.

Die Nutzung:

Ackerschachtelhalm enthält etwa zehn Prozent Kieselsäure, Flavonoide, Pflanzensäuren, Saponoide, Glykoside, Kalium und Carbonsäuren. Mit einer Jauche oder einem Kaltwasserauszug aus Ackerschachtelhalm, die die Zellstruktur stärkt, kann man dank des hohen Kieselsäuregehalts Pflanzen vorbeugend gegen saugende Schädlinge (Blattläuse) schützen. Die Besprühung mit Schachtelhalmtee hilft gegen Mehltau und Rost an Obstgehölzen und Tomatensträuchern.

In der antiken Heilkunde wurde u.a. von Dioskurides und Plinius die blutstillende Kraft von Schachtelhalm geschätzt. Es genüge bereits, die Pflanze nur anzufassen. Sebastian Kneipp setzte ihn zur Behandlung von Störungen bei der Wundheilung, gegen Rheuma und Gicht ein.

Apotheken führen *Equiseti herba* (auch Zinnkrauttee genannt) als Mittel zur Durchspülung bei bakteriellen und entzündlichen Erkrankungen der Nieren und Harnwege und bei Nierengrieß. Er eignet sich auch zur Behandlung von chronischem Husten und zur Ausschwemmung von Ödemen.

Wegen des hohen Kieselsäuregehaltes wirkt der Schachtelhalm besonders stärkend auf das Bindegewebe. Außerdem zeigt er leicht harntreibende, abschwellende und immunstimulierende Effekte und stärkt das Verdauungssystem. Nebenwirkungen sind keine bekannt.

Die Kosmetik verwendet Extrakte des Ackerschachtelhalms zur Stärkung des Bindegewebes, zur Entzündungshemmung, Hautstraffung, Durchblutung und wegen der adstringierenden Wirkung, sowie gegen fettiges Haar.

Die Legende:

In Notzeiten haben zum Beispiel die ärmeren Römer die mineralstoffhaltigen, durchaus wohlschmeckenden Stängel gegessen. Bei einer ganz anderen Art von Not war die Pflanze, von den Römern auch *Penis sacerdotis* (Pfaffenpint) genannt, sehr hilfreich.

Joseph Viktor von Scheffel beginnt sein Gedicht über den Ichthyosaurus mit der Strophe:

Es rauscht in den Schachtelhalmen,
Verdächtig leuchtet das Meer,
Da schwimmt mit Tränen im Auge
Ein Ichthyosaurus daher.

Auch bei Stefan George treffen wir auf die Pflanze:

Wo farren gräser junge palmen
Ganz aus kristall sich aufgestellt
Mit ähren moosen schachtelhalmen –
Wundersame pflanzenwelt!

J. G. Th. Grässe erzählt die merkwürdige Geschichte eines Mohren im Schlosse zu Nossen: *In einem der Zimmer des fürstlichen Schlosses zu Nossen befand sich sonst ein Gemälde, auf dem ein Mohr vorgestellt war, der in einer Wanne saß. Den scheuern zwei Bademägde mit Katzenzagel und Sand – hadern recht nachdrücklich, also daß ihnen der Angstschweiß über die Wangen läuft, können aber doch kein weißes Fleckchen an seiner Haut entdecken, wie die darunter stehenden Reime bezeugen: Wir waschen ihn mit ganzem Fleiß, / Noch will der Mohr nicht werden weiß.*

An den Kapitellen romanischer Säulen des 11. und 12. Jahrhunderts finden wir stilisierte Schachtelhalme, oft gemeinsam mit pickenden Vögeln. Das soll ein Gleichnis zum christlichen Glauben abgegeben. Clemens Zerling bezieht sich auf einen Deutungsversuch von Ana Maria Quinones: Ackerschachtelhalm treibt seine Wurzeln tief in schlammige Böden. Der Vergleich könnte sich auf die Sünden der Menschen beziehen.

Schlehdorn

Die Pflanze:

Schlehdorn *(Prunus spinosa)* aus der Gattung *Prunus* gehört zur Familie der Rosengewächse *(Rosaceae)*. Der sommergrüne dornenreiche Schlehdorn wächst als Strauch oder mehrstämmiger, bis zu 40 Jahre alt werdender Baum mit einer Wuchshöhe von drei Metern, gelegentlich erreicht er sogar sechs Meter Höhe. Kurze Triebe, die fast waagerecht von den Langtrieben abstehen, führen zu einer starken Verästelung.

Die schwärzliche Rinde zerreißt mit zunehmendem Alter in schmale Streifen. Die Kurztriebe bilden Dornen aus. Die sich weich anfühlenden Laubblätter haben eine verkehrt-eiförmige Form, sich zum Blattgrund hin keilförmig verschmälernd mit einer spitzen bis stumpfen Blattspitze.

Die weißen Blüten erscheinen im März und April – lange vor dem Laubaustrieb. Dadurch lässt sich die Schlehe in diesem Zeitraum leicht vom Weißdorn unterscheiden, dessen Blüten erst nach den Blättern gebildet werden. Die Blüten befinden sich an den verdornten Kurztrieben. Schlehen bieten zahlreichen Insekten im zeitigen Frühjahr eine wertvolle Nahrungsquelle.

Der Strauch bildet eine kugelige, dunkelblau bis schwarze, stark bereifte Steinfrucht mit einem Durchmesser von etwa einem bis eineinhalb Zentimetern aus mit einem typischen kugelig- bis linsenförmigen Kern. Die Schlehen reifen von Oktober bis November und verbleiben den Winter über am Strauch. Sie schmecken sehr sauer und herb – erst nach einem Frost werden sie genießbar.

Die Schlehe gehört zu den dichte Hecken bildenden Wurzelkriechpionieren. Die langen Dornen schützen vor größeren Pflanzenfressern. Sie gehört zu den wichtigsten Wildsträuchern für Tiere und ist aufgrund ihres reichlichen Nektarangebotes im Frühjahr eine ausgesprochene Schmetterlingspflanze. Die Blätter sind besonders für die Raupen des Grauen Laubholz-Spinnerspanners und des Schlehen-Grünspanners eine wertvolle Futterpflanze.

Der Name:

Der heute gebräuchliche Name Schlehe oder Schlehdorn ist mit Bezug auf die Farbe der Früchte vom indogermanischen *(s)li* abgeleitet, das bedeutet bläulich. (Die Silbe findet sich im Namen des Pflaumenschnapses Slivovitz wieder.) Aus ahd. *slēha, slēwa,* wurde *slēhe.* Dieser Wortstamm erscheint auch im niederl. *slee,* engl. *sloe,* dän. *slaan,* schwed. *slån* oder russ. *sliva.*

Das ähnlich lautende, aber nicht von Schlehe abgeleitete ahd. Adjektiv *schleh* für matt, stumpf ist aus unserem Sprachgebrauch verschwunden.

Es findet sich aber z. B. im engl. *slow,* nld. *slee,* dän. *sløv* oder schwed. *slö* wieder.

Andere Namen für Schlehe sind: Bockbeerli, Hagedorn, Heckendorn, Schlehdorn oder Schwarzdorn.

Im Mittelalter bezeichnete man mit Schlehe nicht nur die Beeren der Schlehe, sondern auch andere ähnliche Früchte wie die der Kriechpflaume, denn sie wurde als eine wilde Pflaumenart gedeutet, daher niederl. *sleepruyme.* Sogar eine *avellana scil. nux* genannte Haselnussart wurde ihr zugerechnet.

Scherzhaft bezeichnete man die Büchsenkugeln als Schlehen: *da schickt wir in aber der pleiern slehen, dasz sie sich uber die setel pugen.*

Das Wort Schlehe diente früher zur bildlichen Verstärkung der Verneinung: *du heist derhalben, wie du wilt, es bey mir nit ein schlehen gilt,* heißt es bei Jakob Ayrer im 16. Jahrhundert.

Der wissenschaftliche Gattungsname *Prunus* bedeutet eigentlich Pflaume. Das lat. Artepitheton *spinosa* ist mit dornig zu übersetzen.

Die Nutzung:

Eine alte Volksweisheit lautet: Iss die ersten drei Blüten eines Schwarzdornzweigs und bleib' das ganze Jahr vor Fieber gefeit! Die enthaltenen gefäßwirksamen Flavonoide bewirken ein Fieber senkendes Schwitzen. Ein Tee aus den frischen Blüten ist ein gutes und auch gut schmeckendes Blutreinigungsmittel im Frühjahr, weil er den Magen reinigt und stärkt und die Entschlackung des Körpers über Darm und Niere anregt. Die gerbstoff- und säurehaltigen Früchte schmecken aromatisch, hinterlassen aber einen pelzigen Geschmack. Es wird empfohlen, den ersten Frost abzuwarten, der den sauren Geschmack etwas abmildert.

Aus Schlehen lässt sich ein guter Likör, aber auch ein kräftiger Wein herstellen. Außerdem können aus den Früchten Marmelade, Gelee und Sirup zubereitet werden.

Tabernaemontanus listet verschiedene Verwendungsarten auf: *schlehenblütenwasser, -branntwein, -compost, -confect, -conserve, -most, -musz, -saft, -trank, -wasser, -wein.* Theophilus empfiehlt: *nauwe des jârs einen beker slein.*

Im niederdeutschen Wörterbuch von Schiller-Lübben findet sich der folgende Hinweis: *man fabricierte ein getränk aus schlehen: unse susteren hebben sik dar mit armode beholpen unde hebben inst eirste er beer gebrouwen van sleinen unde suren beren.*

Schlehen sind keine Weinbeeren, lautet ein altes Sprichwort mit Bezug auf den säuerlichen Geschmack. Dennoch wurden sie wie die Pflaumen gedörrt und fanden in Küche, Keller und Apotheke Verwendung: *man iszt sie, wann sie zuvor von der kälte seindt milt worden,* schreibt Lonicerus in seinem Kräuterbuch.

In Tirol bindet man sich eine Schlehe als Mittel gegen Gelbsucht an die linke Brust. Anderenorts findet sich der Brauch, drei Blütenstängel des Schlehenstrauchs je dreimal hintereinander zu essen, um sich vor Fieber und Gicht zu schützen.

Die Legende:

Schlehen sind ein Wetteranzeiger. Wenn die Schlehen blühen, heißt es, setzen die Eisheiligen ein. Eine andere Wetterregel lautet: Je zeitiger im April die Schlehe blüht, umso früher vor Jakobi die Ernte glüht. Oder: Ist die Schlehe weiß wie Schnee, ist's Zeit, dass man die Gerste säe. Oder: *wenn die schlehen und holtz-äpffel nicht gerahten, so haben die Hessen weder zu sieden noch zu braten.*

Wer weiß, was alles im Schutz eines Schlehenbusches geschah, dass sich folgender Spruch einbürgerte: *Blühen die Schlehen reichlich, so gibt es wenige Jungfrauen und viele uneheliche Geburten.* Gewiss war das dichte, fast undurchdringliche Strauchwerk der Ort mancher Geheimnisse, denn in der Vorstellung unserer Ahnen war die Schlehe stets ein Feenbaum. Das Holz der Schlehe wurde daher häufig für Zauberstäbe genutzt.

In einem alten irischen Märchen wird die Geschichte von Oona erzählt, die Schutz in einem Schlehengebüsch suchte:

Oona schlug den Weg zum Meer ein, als er steiler wurde, hatte sie alle Hütten hinter sich gelassen und kam schließlich ans Moor. Es erstreckte sich weit, weiter als die Augen schauen können. Sie stolperte vom Weg und fand Schutz unter einer Schwarzdornhecke. „Hier habe ich es immer gemocht", sagte sie, indem sie das Bündel vom Rücken nahm. „Immer wollte ich alles zusammenpacken und unter diesem Dornbusch sitzen, vielleicht werde ich sogar Feenmusik hören." Sie fühlte sich ganz leicht im Kopf, spürte weder Kälte noch Müdigkeit. Sie schlief ein bisschen, erwachte und schlief wieder ein. Ihre Beine wurden steif. Sie versuchte sie zu bewegen und stieß dabei etwas um. Und dann sah sie, dass es auf dem Boden um sie her wimmelte von Hunderten und Aberhunderten vom Sanften Volk... .

Ein altes Lied geht so: *das holde plätzchen, wo ich sasz, / war ein geheimes thal, gebildet von zwei höhen, / bekränzt mit birken und mit schlehen.*

Die Kelten verehrten den Schwarzdorn. Er sollte alles Böse und Negative neutralisieren.

Seidelbast

Die Pflanze:

Echter Seidelbast *(Daphne mezereum)* ist eine Pflanzenart aus der Gattung Seidelbast *(Daphne)* und gehört zur Familie der Seidelbastgewächse *(Thymelaeaceae)*. Der kleine sommergrüne Strauch erreicht eine Höhe von 40 bis 125 Zentimeter. Die lanzettlich geformten Laubblätter werden bis zu neun Zentimeter lang und zwei Zentimeter breit. Sie verschmälern sich am Blattgrund keilförmig. Die Blattoberseite ist frisch grün, die Unterseite graugrün gefärbt. Die sich weich anfühlenden, dünnen, sich nur an den Zweigspitzen bildenden Blätter sind nach dem Laubaustrieb behaart.

Noch vor den Blättern bildet der Seidelbast zwischen Februar und März seine stark duftenden, rosa bis purpurrot gefärbten Blüten direkt am Stamm wachsend aus. Der speziell ausgebildete Kelch lockt langrüsselige Insekten zur Bestäubung an, für die er eine wertvolle, weil sehr frühe Nektarquelle ist. In den Monaten August und September reifen die erbsengroßen, leuchtend roten, sehr giftigen Früchte (Beeren). Sie ähneln mit ihrem schwarzen Steinkern einsamigen Steinfrüchten. Da an ihrer Bildung sowohl die Fruchtblätter als auch die Blütenachse beteiligt sind, bezeichnet sie der Botaniker als Scheinfrüchte. Sie werden von etwa zehn Vogelarten (besonders gern von Drosseln) als Nahrung aufgenommen und, weil die Samen den Verdauungstrakt unbeschadet passieren, durch sie ausgebreitet.

Seidelbast ist ein in Europa typischer Buchenbegleiter. Er bevorzugt kalkhaltige und nährstoffreiche Böden von Laubmischwäldern, insbesondere Buchen-Eichen- und Hainbuchenwaldgesellschaften, Hochstaudenflure, Nadelmisch- und Bergwälder oder auch Hartholz-Auenwälder bis in Höhenlagen von 2000 Metern.

Seidelbast ist nach der Bundesartenschutzverordnung besonders geschützt.

Der Name:

Für die Bezeichnung Seidelbast liegen verschiedene Erklärungen vor. Die älteren Namen Zyland oder Zeilland gehen auf die germanische Gottheit Tyr oder Ziu zurück, der zunächst über den gesamten Götterhimmel herrschte, bevor er für das Kriegswesen zuständig erklärt wurde. Das Grimmsche Wörterbuch meint, dass es sich *um die umformung von zeidelbast, mhd. zîdelbast, wol mit anlehnung an seide* handelt.

Das Wörterbuch verweist auf das spätmhd. *zîdelbast,* woneben um 1400 auch *zîzelbast* auftritt, *in seinen beiden theilen volksthümliche umdeutung des ahd. zîlinta, indem zî- wegen der frühen, honiggewährenden blüten der pflanze, die noch vor den blättern erscheinen, durch zîdel- der zeidel-gruppe verdrängt wurde.* Diese Erklärung deutet auf die frühe Bienennahrung hin, denn Zeidel (ahd. *zîdalâri* = Zeidler, Bienenzüchter) ist eine alte Bezeichnung für Biene.

Der zweite Namensteil -bast bezieht sich vermutlich auf die weiche Oberfläche der Blätter. In der Jägersprache ist Bast die samtartige Haut um das werdende Hirschgeweih oder Rehgehörn.

In einigen Gegenden trägt die Pflanze den Namen Kellerhals. Dazu liegt nahe, dass das Wort aus nordischen Sprachen (dän. *kjelderhalskorn,* schwed. *källarhalsbär)* für Bergpfeffer übernommen wurde, von dem es heißt: *Die beeren wirken als heftiges purgiermittel und verursachen heftiges brennen im halse.* Das trifft auch auf die giftigen Beeren des Seidelbasts zu.

Nach Söhns kommt „Keller“ vom ahd. *chellen* (engl. *quell)* für quälen, plagen. Es handelt sich also um ein Kraut, das quälende Schmerzen im Hals verursacht. Bei Einnahme der Beeren gegen Halskrankheiten verursacht dieses Gewaltmittel tatsächlich Schmerzen, wie es Camerarius beschreibt: *Bitter, beißend und brennend auf der Zunge, versehren sie den Hals und den Mund.*

So erklären sich auch Andersnamen wie Wilder spanischer Pfeffer, Päperblume in Ostfriesland und Mecklenburg, Päperbusk (-busch) an der unteren Weser, Pfefferblümchen und Wilder Pfeffer in der Eifel.

Weitere Bezeichnungen sind: Bergpfeffer, Brennwurz, Buschweide (Niederösterreich), Chellerhals (Schweiz), Deutscher Pfeffer, Elendsblum („Elend“ bezeichnete in einigen Gegenden die Fallsucht), Giftbäumlein (bzw. schweizerisch Giftbäumli), Giftbeere, Holzmännchen, Hundszigel, Insigel, Kälberhals, Kellerkraut, Lausblume, Lausekraut, Lausholz (weil gegen Läuse eingesetzt), Menschendieb, Pfefferstrauch, Rechbeere, Seidelbaum, Süßbast, Waldlorbeer (Waldlibeer bei den siebenbürgischen Sachsen), Waldveigl, Warzenbast, Warzenkraut (gegen Warzen verwendet), Wilder Holler, Wilder spanischer Pfeffer, Wolfsbast, Zahnwehholz, Zeiland, Ziland, Zilander, Zillingsbeer.

Der Gattungsname *Daphne* ist griechischen Ursprungs und der Name einer Baumnymphe (siehe Legende). Das Artepitheton *mezereum* geht auf den persischen Pflanzennamen für Seidelbast zurück.

Die Nutzung:

Seidelbast enthält ätherische Öle und Harz, Glykosid Daphnin und das giftige Mezerein, dem mit anderen Stoffen zusammen eine krebserregende

Wirkung nachgesagt wird. Bereits sechs bis zehn Beeren oder andere Pflanzenteile lösen schwere Vergiftungserscheinungen mit Übelkeit und Atemnot aus und können zum Tod führen.

Seidelbast darf nur in homöopathischer Verdünnung gegen Hautprobleme, Ekzeme und nässende Ausschläge sowie gegen Kopfschmerzen angewendet werden. Früher setzte man ihn im Rahmen der Schmerzbehandlung entzündlicher Erkrankungen wie Gicht oder Rheuma ein. Bettler haben ihre Haut mit Seidelbast verätzt, um mehr Mitleid zu erzeugen. Ein Pulver aus frischer Zweigrinde wurde wegen seiner blasenziehenden Wirkung als Zugpflaster verwendet und als Gegenmittel bei Quecksilbervergiftungen benutzt.

Schon 400 v. Chr. wurden Seidelbastsamen als „knidische Körner“ von Hippokrates erwähnt. Dioskurides beschrieb die Pflanze in der „Materia medica“, seinem fünfbändigen Handbuch der abendländischen Medizin.

Die Legende:

Apollo hatte den Liebesgott als schlechten Schützen verspottet. Der rächte sich, indem er einen Liebespfeil mit goldener Spitze auf ihn abschoss und einen mit einer bleiernen, das Gegenteil bewirkenden auf Daphne. Die wusste den Nachstellungen Apollos nicht anders zu entgehen, als ihren Vater Peneios (nach einer anderen Lesart war es sogar der Göttervater selbst, der ihr half) zu bitten, sie in einen Baum zu verwandeln. Das soll der Lorbeerbaum gewesen sein, geht die eine Legende. Nach einer anderen war es der Seidelbast, der deshalb Daphne als Artnamen trägt.

In unseren Breiten existieren ebenfalls Mythen, die sich um den Seidelbast ranken. Wenige Blüten des Seidelbasts sollen das ganze Jahr über vor Sodbrennen schützen. Bei Hochzeitskutschen muss man den Pferden einige Seidelbastbeeren zu fressen geben, damit sie möglichst laut wiehern und dadurch Glück bringen. Wenn man aber jemanden ärgern will, soll man Seidelbastbeeren ins Kochfeuer werfen. Dadurch würden alle Speisen anbrennen.

In Oberösterreich sagt man der Pflanze besondere Kräfte nach, weil sie zusätzlich zu den Palmwedeln gestreut worden sei, als Jesus in Jerusalem einzog. Das Kreuz Christi soll aus dem Holz eines damals noch großen Seidelbastbaumes gefertigt worden sein. Daher traf ihn ein Fluch und der Seidelbast wurde zu einem kleinen Strauch.

An der Blütenfolge erkennt der Bauer, wann er aussäen soll. Blüht der Strauch zuerst oben, muss früh gesät werden, dann gedeiht die Saat besonders gut.

Stechpalme

Die Pflanze:

Die Europäische Stechpalme *(Ilex aquifolium)* ist die einzige in Mitteleuropa heimische Vertreterin aus der Familie der Stechpalmengewächse *(Aquifoliaceae).* Als immergrüner Strauch erreicht sie eine Höhe von einem Meter, als dicht verzweigter Baum kann sie bis zu 15 Meter Höhe erreichen. Die jungen, dicht behaarten grünen Zweige verkahlen mit der Zeit, aber die Rinde bildet erst spät eine dünne schwarzgraue Borke. Die Stämme der Baumform können bis zu 50 Zentimeter Durchmesser erreichen. Die Sträucher werden bis zu 300 Jahre alt.

Die Blüten der zweihäusigen Stechpalme sind weiß, manchmal rot. Sie bilden etwa zehn Millimeter große, rot glänzende und saftige Steinfrüchte. Im Mittelmeerraum, in Südosteuropa und in Nordafrika kommt die Stechpalme nur in Hochlagen mit entsprechendem Klima vor, in Mitteleuropa im Flachland und im Alpenvorland bis 1800 Meter aufsteigend. Sie wächst auf nährstoffreichen und kalkarmen, lockeren oder auch steinigen Lehmböden. Sie gedeiht am besten im Halbschatten oder Schatten. Die Samen werden von Vögeln verbreitet, denen die Giftstoffe der Früchte nicht schaden. Die immergrüne Stechpalme ist im Winter ein beliebter Schlafplatz für kleinere Vögel. Je größer der Baum wird, desto mehr verliert er seine Dornen, die er gegen den Wildverbiss ausgebildet hat.

Der Name:

Die Bezeichnung Stechpalme erklärt sich aus den dornenbewehrten Blättern. Sie wird auch Palmendorn (vermutlich wegen ihrer Verwendung bei Gebinden zum Palmsonntag), Stecheiche, Stechholder, Stechhülse, Stechlaub, Hülse, Hülskrabbe oder Hulse, Walddistel und Winterbeere genannt.

Die westgermanischen Sprachen haben das indogermanische Stammwort *hul-* (ahd. *hulis, huls* = Stechhülsen) integriert. Die französische Sprache hat das germanische *hulis* als *houx*, noch deutlicher die englische *holly* für die Stechpalme erhalten

Für die Herkunft des lateinischen Namens *Ilex* gibt es wenigstens zwei Erklärungen. Nach der einen ist es abgeleitet vom wissenschaftlichen Namen der Steineiche *Quercus ilex,* die andere Ableitung zieht das keltische Wort *ic* oder *ac* für Spitze heran.

Der Artname *aquifolium* (eigentlich *acrifolium)* setzt sich aus *acus* (Spitze) und *folium* (Blatt) zusammen und weist damit auf die stachelspitzigen Blattzähne hin.

Die Nutzung:

Bei Jacob Grimm findet sich folgender Hinweis: *In der volksmedicin und im aberglauben zeigt sie sich in vielfältiger nutzung: als mittel gegen seitenstechen; wallfahrer lassen ihre zweige in Einsiedeln weihen und befestigen sie dann daheim zum schutz gegen blitzgefahr.*

In der Homöopathie findet die Stechpalme Anwendung bei Rheuma und Gicht sowie als harntreibendes Mittel. Sie galt als Zauber abwehrend. Adam Lonitzer (latinisiert Lonicerus) schreibt: *Der gemeine Mann glaubt / daß die geweihete Zweige dieses Baumes über die Thür gelegt / daß Hauß vor dem Donner bewahren soll.*

Tabernaemontanus empfiehlt den „Stechbaum" bei Husten und Seitenstechen sowie bei Beulen und Brüchen. Hieronymus Bock rät zur „Walddistel" bei Seitenstechen und beschreibt, *daß etliche Vogelleim aus der Rinde herstellen.*

In der Volksheilkunde wurde sie als abführendes und Fieber senkendes Mittel genutzt, was aber häufig Vergiftungen zur Folge hatte. Aus diesem Grund wird sie in der gängigen Naturheilkunde kaum eingesetzt. Die Giftwirkung bezieht sich vor allem auf die Beeren. Die Blätter enthalten weniger Gifte. Verwendet werden die Abkochungen bei fieberhaften Erkältungen und Grippe. Außerdem haben sie eine harntreibende Wirkung und finden Anwendung bei Rheuma und Gicht.

Die Stechpalme ist tiergiftig. Bei Pferden ruft die Vergiftung in der Regel nur Schläfrigkeit sowie Magen- und Darmbeschwerden mit Durchfall hervor, bei Hunden können bereits 20 Beeren tödlich sein.

Im Zedlerschen Lexikon wurde Ilex als ein Baum beschrieben, der *Eicheln trägt und der Eiche ziemlich ähnlich siehet. Zu der Artzeney werden seine Eicheln und sein Laub gebraucht.*

Die Legende:

Die Germanen und die Kelten sammelten die Zweige mit den roten Beeren und schmückten ihre Wohnstätten und Gehöfte damit. Sie sollten Geistern, Feen und guten Walddämonen in der Kälte Unterschlupf bieten sowie vor Blitzen, bösem Zauber und Verwünschungen schützen. Noch heute hat sich der Brauch in einigen Regionen der Schweiz erhalten.

Die Römer verschickten während ihrer Saturnalienfeste (vom 17. bis 19. Dezember zu Ehren Saturns) zur Zeit der Wintersonnenwende Ilexzweige an ihre Freunde und Verwandten als Zeichen der Verbundenheit und Liebe.

In England schenkt man sich die so genannten Hollyzweige als Freundschaftsgabe und zur Dekoration des traditionellen Christmaspuddings. Die Hexen aber sollen die Zweige *(holy* = heilig) gefürchtet haben. An der Ostküste der USA ist die Stechpalme das Weihnachtssymbol schlechthin.

Im Christentum symbolisieren die roten Beeren der Stechpalme das Blut Christi und das satte Grün der Blätter steht für die Hoffnung auf neues Leben. Am Palmsonntag werden daraus Dornenkronen geflochten und zu Ostern verbrannt, um die Freude über das überstandene Leiden von Jesus zu versinnbildlichen.

Goethe dichtete:

Dieselben Psalmen singt man auch,
Ölzweiglein in den Händen,
Muss im Gebirg' zu diesem Brauch
Stechpalmen gar verwenden.

Oder Ferdinand Freiligrath:

Mit der Festzeit Laub
Ist das Haus bekränzt;
Die Tanne duftet,
Die Stechpalm' glänzt.

Karl Lyncker beschreibt in seinem Buch „Deutsche Sagen und Sitten in hessischen Gauen" einen Brauch, den Johann Georg Theodor Grässe ähnlich von den meisten Orten der Grafschaft Schaumburg kennt:

Zwischen dem Unterholze in Eichenwaldungen wächst häufig im Schaumburgischen die an ihren stachelichen Blättern leicht kenntliche immergrüne Stecheiche (Ilex aquifolium). Aus dieser werden die „Fuësträuche", auch „Hülsen" genannt, gebunden. Die Burschen und Knechte holen sie vor Fastnacht im Walde, ziehen damit am Fastnachtsabend im Dorfe umher, dringen in die Häuser und schlagen den Frauen und Mädchen die Waden damit, so daß oft Blut fließt, unter dem Ruf:

Fuë, fuë Faßlahmt [Fastenabend],
wenn du geeren geben wutt,
schast du sau langen Flaß [Flachs] *hebben!*

Sind die Weiber tüchtig gefuët, so muß Branntwein und Wurst aufgetragen werden.

Tanne

Die Pflanze:

Die etwa 50 in der gemäßigten Zone der Nordhalbkugel der Erde vorkommenden Tannenarten *(Abies)* bilden eine Pflanzengattung in der Familie der Kieferngewächse *(Pinaceae)*. Sie sind die am weitesten verbreitete und artenreichste Gattung der Familie. Die Fichte wird zwar auch Rot-Tanne genannt, gehört aber nicht zu den Tannen, ebensowenig die Zimmertanne.

Die Weißtanne *(Abies alba)* ist in Mitteleuropa heimisch. In den letzten 200 Jahren hatte der Bestand durch eingeschleppte Schädlinge wie der Weißtannentrieblaus *(Mindarus abietinus)* sowie Schäl- und Verbissschäden durch Reh- und Rotwild stark abgenommen. Hinzu kommen die Kahlschlagwirtschaft, die Übernutzung sowie die Bevorzugung der Fichte im Waldbau. Sie können ein Alter von 500 bis 600 Jahren erreichen. Die Weißtanne ist u.a. verwandt mit *Abies nordmanniana* aus dem Kaukasus, *Abies cephalonica* aus Griechenland und *Abies grandis* aus Nordamerika.

Der Name:

Der Name Tanne, ahd. *tanna,* mhd. *tanne,* ist im germanischen Sprachbereich nur als deutsches Wort zu finden. Unter anderen europäischen Sprachen gibt es kaum eine Verwandtschaft (engl.: *fir,* frz.: *sapin,* span.: *abeto,* schwed.: *gran,* russ.: *stroina,* poln.: *jodła).* Vermutlich liegen die Ursprünge im altindischen *dhánu* mit der Bedeutung Bogen bzw. Bogen aus Tannenholz. *Abies haiszt ain tann und ist ze latein sô vil gesprochen sam ain aufgängel, wan der paum wirt gar hôch und langet über ander paum,* steht im Grimmschen Wörterbuch.

Das lat. *abies* bezeichnet den Baum und das Tannenholz. Weitere Bedeutungen sind Lanze, Schreibtafel, Schiff und lassen Rückschlüsse auf die Verwendung des Holzes zu. Abgeleitet wurde *abies* vermutlich von *abietes* (die Weiße). Mit dem Artepitheton *alba* (= weiß) wird auf die deutlich hellgraue Borke im Unterschied zur Gemeinen Fichte *(Picea abies)* verwiesen.

Namen wie Edeltanne und Silbertanne sind irreführend, weil damit die in Nordamerika heimische Edeltanne *(Abies procera)* bezeichnet wird.

Die Nutzung:

Weißtannenholz ist gegenüber Feuchtigkeit resistenter als Fichte, weshalb es oft im Erd- und Wasserbau genutzt wird. So genannte Holländertannen, mächtige Tannenstämme aus dem Schwarzwald und dem Frankenwald, wurden im 17. bis ins 19. Jahrhundert von Holzhändlern gekauft, um die holländische Handelsflotte mit Mastbäumen zu versehen. Angeblich soll Amsterdam auf Pfählen aus Tannenholz gegründet sein.

Die Griechen bauten ihre berühmten Dreiruderer, die Trieren, häufig aus leichtem Tannenholz.

Die Harzgallen der Rinde wurden in geringen Mengen zu „Straßburger Terpentin" verarbeitet. Das Harz wurde schon als Heilmittel verwendet, wie das „Corpus Hyppocraticum" des Hippokrates und die „De Materia Medica" von Dioskurides belegen. Hildegard von Bingen beschrieb den belebenden Geruch der Nadeln und die Heilwirkungen des Harzes, das zur Wundheilung, Durchblutungsförderung, als Rheumasalbe oder gekaut zur Festigung des Zahnfleisches und zum Schutz vor Zahnverfall verwendet wurde.

Tannennadeln, junge Triebe, Samen und Harz sind reich an ätherischen Ölen, Provitamin A, Vitamin C, verschiedenen Zuckern sowie Kaffee- und Chlorogensäure, Cumarin und Flavanolen.

Äußerlich angewendet wird eine Einreibung (Franzbranntwein). Tannenprodukte dienen als Badezusatz und Balsam gegen Bronchitis, Rheumatismus, neuralgische Schmerzen und Muskelverspannungen. Tee wirkt bei Katarrhen der Atemwege, Harnwegs- und neuralgischen Beschwerden.

Im 16. Jahrhundert wurde „Tannenbier" (als Aufguss) gegen Skorbut eingesetzt. Sebastian Kneipp empfahl Tannentee aus frischen Trieben bei Husten und Verschleimung, bei Nervosität und Unruhe, sowie Bäder aus aufgekochten Tannenzweigen bei Erkältung, Blasenentzündung und Ausfluss, und einen Tee aus grünen Tannenzapfen, um die Stimmbänder geschmeidig zu halten.

Die Legende:

Die Tanne war Sinnbild der Stärke und der Hoffnung. Zur Wintersonnenwende stellte man einen Tannenbaum auf. Der Brauch wurde umgedeutet. 1539 soll der erste Weihnachtsbaum im Straßburger Münster gestanden haben. Nach christlicher Vorstellung ist das Kreuz Jesu aus Tannenholz (nach anderer Lesart aus Seidelbast oder Mistel) gewesen. Und als Jesus von seinen Feinden verfolgt wurde, suchte er Schutz unter einer Tanne, weshalb sie seither immer grünt.

Der Schwarzwald hat seinen Namen von den dunklen Tannenwäldern, die im 19. Jahrhundert wegen des extensiven Handels mit Holland stark dezimiert wurden. Dieser Raubbau ist der Hintergrund für Wilhelm Hauffs Märchen „Das kalte Herz".

Eine estnische Beschwörung gegen Ziegenpeter endet mit den Zeilen: *Weich zur Tanne die Beule! / Die Geschwulst zur Kienbaumwurzel!* Gegen „Blähhals" müsse man bei abnehmendem Mond an einem Freitag in den Wald gehen, drei *Tannnaöstlein* nehmen, miteinander verknüpfen und aufsagen: *Böschla dich wind ich / Blöhals dich bind ich.* Den Mastdarmvorfall kleiner Kinder behandelte man im 17. Jahrhundert mit dem Rauch frischer Tannenzapfen. Und damit sie gut schlafen, legte man ihnen Tannenzapfen unter das Polster. Ein altes Mittel *für Augen waschen* war Schnaps, in den man sechs Tannenzapfen eingelegt hatte. *Schmalweidigen* Kühen gab man *in den drei höchsten Namen* drei Tannenzapfen ins Futter. Ausführlich beschreibt das „Handwörterbuch des deutschen Aberglaubens" von Eduard Hoffmann-Krayer und Hanns Bächtold-Stäubli solche Bräuche.

Schon in der griechischen Mythologie spielt die Tanne eine Rolle. Zeus verliebte sich in Kybele, konnte sie aber nicht verführen, deshalb spritzte er seinen Samen auf den Felsen, auf dem man die Göttin anbetete. So wurde der Hermaphrodit Agdistis gezeugt. Dionysos machte ihn betrunken, um ihn zu entmannen. Seine Genitalien verwandelte er in einen Mandelbaum, von dessen Früchten die Tochter des Flusses Sangrios (heute Sakarya) schwanger wurde und Attis gebar. In dieses Kind verliebten sich sowohl Kybele wie Agdistis. Wie schon mit Agdistis machte Dionysos auch den jungen Attis verrückt, der sich unter einer Tanne kastrierte und starb. Göttin Kybele begrub ihn und bat Zeus, ihn wegen seiner unendlichen Schönheit zu verewigen. Zeus entsprach ihrer Bitte und Attis konnte als Tanne weiterleben. Dieser Baum symbolisiert zum einen die Wiedergeburt von Attis, zum anderen den Phallus des Gottes.

Die keltische Tannen- und Geburtsgöttin Druantia war die Mutter der Druiden und Herrin des Baumkalenders. Sie wurde in dem Buchstaben A *(ailm* = Silbertanne) verehrt. Darauf geht die Vorstellung zurück, dass die Hebammen im Schwarzwald die Kinder von der *Tititanne, einer mächtigen Tanne bei Marzell (Kreis Lörach in Baden),* schüttelten, heißt es im Handwörterbuch des deutschen Aberglaubens. Und weiter: *Oft diente die Tanne als Maibaum, im Schwarzwald wird sie dem Mädchen als Zeichen der Verachtung am 1. Mai gesteckt.*

Eines der schönsten deutschen Weihnachtslieder beginnt mit der Zeile *O Tannenbaum, o Tannenbaum, wie grün (treu) sind deine Blätter…*

Nach einem etwas skurrilen Bericht aus Russland soll in der Lunge eines 28 Jahre alten Mannes eine Tanne gewachsen sein. Angeblich hat er einen Samen eingeatmet, aus dem eine junge Tanne im Inneren der Lunge entstand.

Tollkirsche

Die Pflanze:

Die von Skandinavien, West- und Südeuropa und den Balkan über Kleinasien bis nach Nordafrika und den Iran verbreitete Schwarze Tollkirsche *(Atropa belladonna)* gehört in die Familie der Nachtschattengewächse *(Solanaceae)*. Die ausdauernde, krautige Pflanze erreicht eine Höhe bis zu anderthalb Meter. Sie gedeiht auf Lichtungen von Laub- und Nadelwäldern, an Waldrändern und auf Brachflächen bis zu 1700 Meter hoch.

Die sommergrünen, ganzrandigen Laubblätter von etwa 15 Zentimeter Länge sind oval geformt und laufen lanzettlich zugespitzt aus. Charakteristisch ist die Paarbildung der Blätter im Bereich des Blütenstandes. Die Blütezeit reicht von Juni bis August.

Der Aufbau der Frucht gleicht einer Tomate. Die von August bis Oktober reifenden kugeligen Beeren haben eine schwarze, lackartig glänzende Oberfläche.

Der Name:

Der deutsche Name bezieht sich auf die Auslösung von Tollheit (Verrücktheit, unkontrolliertes Verhalten) bei Mensch und Tier nach Aufnahme nicht tödlicher Mengen des Giftes. Das Wort *toll* meinte ursprünglich betäubt, bewusstlos, wurde aber in unserer heutigen Bedeutung großartig, bemerkenswert u.ä. auch schon im frühneuhochdeutschen Sprachgebrauch benutzt.

Andere Namen der Tollkirsche sind Bärenmutz, Dollwurz, Irrbeere, Rasewurz, Saukraut, Schafsbinde, Schlafkirsche, Schönmädchen, Schwindelkirsche, Taumelstrauch, Teufelsauge, Teufelsbinde, Teufelskirsche, Tintenbeere, Tollkraut, Waldnachtschatten, Walkerbeere, Wolfsbeere oder Wutbeere. Der zweite Wortteil verweist auf die Ähnlichkeit mit einer Kirsche.

Der botanische Gattungsname *Atropa* kommt vom griechischen Wort *atropos* (= unabwendbar). Atropos, die Unerbittliche, ist die dritte der griechischen Parzen, die den Lebensfaden abschneidet.

Das Artepitheton *belladonna* gebrauchte man bereits im 16. Jahrhundert in Italien. Ähnlich lautet der französische Name *belladone* und der spanische *belladona*, während die Pflanze englisch *deadly nightshade,* also tödlicher Nachtschatten heißt. Wahrscheinlich kommt die Bezeichnung *belladonna* daher, dass das Hyoscyamin der Tollkirsche die Pupillen erweitert und den Augen ein dunkles, glänzendes Aussehen verleiht, also die Schönheit einer Frau erhöht.

Die Nutzung:

Die Tollkirschen enthalten Alkaloide z. B. Atropin, (S)-Hyoscyamin und Scopolamin. Das Atropin ist eine Mischung aus (S)-Hyoscyamin und (R)-Hyoscyamin.

Im Mittelalter diente der Beerensaft als Schminkmittel. Bei der Damenwelt galt es als besonders adrett, große Pupillen zu haben, weshalb sie sich Säfte der Pflanze in die Augen träufelten. In den Alpenländern wurde dem Pflanzensaft Wein und Branntwein zugefügt, um dessen Wirkung zu verstärken. In Hexenprozessen wurden verdächtige Delinquentinnen mit dem Saft der Tollkirsche zum Wahn und damit zu Falschaussagen getrieben.

Die Tollkirsche wird in der Augenheilkunde verwendet. Sie wirkt bei Epilepsie und Asthma krampflösend und wird bei Erkrankungen der Luftwege (Bronchitis, Reizhusten) eingesetzt. Atropin wurde vom Militär als wirksames Gegengift für Schädigung durch Nervengas gelagert.

Bereits Paracelsus erwähnt die Tollkirsche. Liebestränke und Hexensalben, die Tollkirsche enthielten und auf die Haut aufgetragen wurden, führten zu Wahnvorstellungen, wie z.B. der Vorstellung, fliegen zu können und sich deswegen in die Tiefe zu stürzen.

Hieronymus Bock empfiehlt die Tollkirsche bei Leber- und Magenentzündung, bei Augen- und Ohrenleiden und als Wundsalbe, warnt aber eindrücklich vor unbedachtem Gebrauch: ... *wann du aber dessen zuvil wolltest brauchen / so würt es dir bekommen wie dem Mann von Erbach bei Hohenburg Anno 1541. Gieng der selb man im Wald / unnd als er ungfähr diß gewächß mit seinen lustigen Beeren ersahe / aß er der selben eine gute schüssel voll / ward aber darnach am andern tag so Doll unnd ungeschickt / das man ihnen wolt gehn Widersdorff haben gefürt.*

Ähnlich steht es auch bei Mattioli: *So man die Beer isset, machen sie denselben menschen so fast toll und unsinnig, als hette jn der teuffel besessen und bringen jn in tieffen unüberwiendlichen schlaff.*

Hildegard von Bingen hatte große Vorbehalte gegen die Verwendung der Tollkirsche, weil diese den Geist zerrütten und teuflische Einflüsterungen erleichtern würde. Bei Geschwüren und „durchlöcherter Haut" empfahl sie aber Belladonna.

Tollkirsche ist tiergiftig, besonders für Pferde, Schweine, Hunde und Katzen, für Hasen, Kaninchen, Meerschweinchen, Hamster sowie für Vögel. Bereits 180 Gramm der Wurzel sind für Pferde tödlich, auch Samen oder Blätter lösen Vergiftungserscheinungen aus und können tödlich wirken.

Bei den Sumerern war die Tollkirsche als Heilmittel gegen von Dämonen hervorgerufene Krankheiten bekannt.

In der Mythologie der Kelten und Germanen spielt die Tollkirsche keine besondere Rolle, wohl aber im südöstlichen Europa. Wenn ein Mädchen in der Bukowina (Rumänien) einem Burschen gefallen wollte, musste es an einem Sonntag im Fasching in Sonntagskleidern mit seiner Mutter ins Feld gehen und in einem Leinensäckchen Brot, Salz und Branntwein mitnehmen, eine Tollkirschwurzel ausgraben und ihre mitgebrachten Sachen dort zurücklassen. Auf dem Nachhauseweg musste es dann die Wurzel auf dem Kopf tragen. Dann blieb die gewünschte Wirkung nicht aus.

In Siebenbürgen macht die Tollkirsche „Matreguna" den Träger der Wurzel bei Jung und Alt beliebt, wenn sie vor und nach Sonnenuntergang ausgegraben wurde. Frauen in Siebenbürgen tragen die Wurzel am Busen, um Männer anzuziehen. Deutlich gefährlicher war der Brauch, den Extrakt der Tollkirsche in sehr geringer Menge einzunehmen, um die sexuelle Liebeslust der Frauen zu steigern. Geringe Mengen des Giftes dem Wein beigemengt, wussten schon die griechischen Frauen um die Wirkung.

In Ungarn glaubte man, beim Kartenspielen zu gewinnen, wenn man die Tollkirsche „nagyfugyöker", am nackten Leib trägt.

Als Glückspflanze vergrub man sie heimlich an einer verdeckten Stelle, gab etwas Salz, Brot und eine Münze dazu und flüsterte einen besonderen Wunsch, der in Erfüllung gehen sollte.

In Friedrich Hebbels Drama „Judith" sagt die Titelheldin zu Mirza: *Du hast mich in nichts verstanden. Meine Schönheit ist die der Tollkirsche; ihr Genuß bringt Wahnsinn und Tod!*

Maria Janitschek schreibt in ihrer Geschichte „Hysterie": *Ihre Augensterne waren übergross, man konnte darauf schwören, dass sie Atropin gebrauchte.*

Im Jahre 1802 erwarb ein Triester Händler versehentlich Tollkirschenwurzeln anstelle von Klettenwurzeln mit der fatalen Folge, dass eine Frau daran starb. Daraufhin verlangte die kurfürstliche Landesregierung, dass alle Wurzeln bei der Obrigkeit abgeliefert werden sollten.

Wahrscheinlich handelte es sich bei dem Kraut *Maulda,* das die Litauer im 17. Jahrhundert gekannt haben, um Tollkirsche, über das es hieß: *Sie haben auch ein Kraut, das nennen sie Maulda, wenn sie einen was schuldig, sehen sie, wie sie ihm solches im Trincken beybringen, der das Kraut in's Leib bekommt, muss sterben, dagegen hilfft die gantze Apothecke nicht,* wie Pfarrer Prätorius 1724 im „Erleuterten Preussen" schrieb.

Ulme (Rüster)

Die Pflanze:

Ulmen *(Ulmus)* bilden eine Gattung in der Familie der Ulmengewächse *(Ulmaceae),* die wegen des seit 1920 grassierenden Ulmensterbens immer seltener anzutreffen ist. Der Ulmensplintkäfer überträgt eine aus Ostasien eingeschleppte Pilzerkrankung. Die Pilze wuchern im Splintholz und verstopfen die Wasserleitbahnen im Frühholz. Dadurch wird der Wasserfluss unterbunden und der Baum stirbt ab.

Ulmen sind vor allem in den gemäßigten Zonen der Nordhalbkugel anzutreffen. Die Feldulme *(Ulmus campestris)* als eine der bekanntesten Arten kann 600 Jahre alt und bis zu 40 Meter hoch werden. An einigen Zweigen der immergrünen Bäume findet man die mit Stacheln oder Dornen bewehrte Korkflügelrinde, wie man sie auch vom Pfaffenhütchen *(Euonymus europaeus)* kennt. Ulmen bilden eine flache Nussfrucht mit rundlichen, häutigen Flügeln aus. Die Früchte werden vom Wind verbreitet. Gleich nach der Reife gesät, keimen sie nach zwei bis drei Wochen.

Der Name:

Die Bezeichnung *ulmboum* ist seit dem 12. Jahrhundert bekannt. Sie ist entweder verwandt mit dem lateinischen *ulmus* oder daraus entlehnt. *Die nichtentlehnten heimischen Bezeichnungen…, die im Ablaut zu „Ulme" stehen könnten, spielen im Nhd. nur noch in Namen eine Rolle*, steht im Duden-Herkunftswörterbuch. Als Beispiele werden der Bergname Elm, sowie der Fluss- und Städtename Ilm bzw. Ilmenau herangezogen.

Die germanische wie die lateinische Bezeichnung geht auf die „rötlich-bräunlich" bedeutende indogermanische Wurzel *el-* bzw. *ol-* zurück und meint die rotbraune Farbe des Holzes (siehe Eller).

Die Herkunft des ebenfalls gebräuchlichen Namens Rüster ist hinsichtlich des ersten Wortteils *(rust)* unsicher, der zweite Teil wurde analog zu Holunder oder Wacholder auf das germanische Baumsuffix *-dr(a)* gebildet. *In rusterbaum, rüsterholz ist wol unser rüster bezeugt, ebenso wie rüstenbaum auf rust, ruost zurückweist, das als benennung von ulmus früh begegnet … und später neben den übrigen namen des baumes fortlebt*, vermerkt Grimm. Möglich ist eine Ableitung vom germ. *reótan,* mhd. *rieszen* (fließen). Die zahlreichen Blattläuse geben eine zu Heilzwecken gesammelte Flüssigkeit ab. *Man pfleget im junio den safft zu sammlen, welcher in den knöpfflein gefunden wird,* schreibt Tabernaemontanus und fährt fort: *wer einen weydbruch am gemächt hat, dem soll man leine tüchlein in diesem safft netzen und überlegen ... etliche* *rühmen diesen safft hoch, die frische wunden damit zu heylen ... das angesicht darmit bestrichen, soll es schön und klar machen.*

Philipp von Zesen findet folgende Worterklärung: *Auch dieser Weinstok / der an der angefügten Rüster ruhet / wan er nicht angefüget were / würde zur Erde niedergesunken ligen. Der Ulmbaum / oder die Ulme / der Ilmenbaum oder die Ilme / welche Wörter / alle viere vom Lateinischen ULMUS gebildet / wird auch gewislich / aus keiner andern Uhrsache / bei uns / mit unserem eigenen rechtdeutschem Worte / Rüster oder Rustbaum / das ist Ruhebaum / genennet / als weil der Weinstok / mit seinen Reben / so gern an der Rüster hänget / und ruhet oder rustet.*

Der Gattungsname *Ulmus,* im 18./19. Jahrhundert auch maskulin *der* Ulm gebraucht, wurde 1753 durch Carl von Linné in „Species Plantarum", veröffentlicht.

Verschiedene Artepitheta einiger in unseren Breiten heimischen Ulmen bedeuten: Feldulme – *campestris (campus* = das Feld; zum Feld gehörig), Bergulme oder Weißrüster – *glabra* (kahl), die Goldulme oder Wredei – *carpinifolia* (hainbuchenblättrig).

Die Nutzung:

Die Rinde der Ulme ist ein traditionelles Heilmittel mit entzündungshemmender Wirkung auf Schleimhäute. Man kann sie gegen Entzündungen im Mund und in den Verdauungsorganen einsetzen und Wunden damit behandeln.

Die wichtigsten Inhaltsstoffe sind: Gerbsäure, Schleim, Bitterstoffe, Gerbstoffe und Phlobaphene. Man kann Ulmenextrakt als Tee oder als Tinktur anwenden. Die traditionell häufigste Art ist Ulmenrindentee. Für die innerliche Anwendung hilft Tee bei Durchfall oder einer Magenschleimhautentzündung, äußerlich als Tee oder verdünnte Tinktur gegen Entzündungen im Mundraum, wenn man damit spült oder gurgelt, außerdem in Form von Umschlägen, Bädern oder Waschungen. Äußerlich wirken die Inhaltsstoffe auch bei schlecht heilenden Wunden, Hämorrhoiden und Ekzemen.

Ulmenholz hat eine hohe Dauerhaftigkeit. Die Oberfläche lässt sich gut bearbeiten. Gedämpftes Ulmenholz ist sehr gut biegsam, aber nicht witterungsfest. Es wird als Furnier im Innenausbau eingesetzt und auch für die Möbelproduktion. Aufgrund seiner Härte, Stoß- und Druckfestigkeit eignet es sich hervorragend als Wagner- und Konstruktionsholz. Es wird gern für Sportgeräte, als Parkett oder für Sitzmöbel gebraucht.

Die Legende:

Nach der germanischen Mythologie schufen die Götter aus *ask* (Esche) und *embla* (Ulme) die ersten Menschen. Das Wort *embla* wird gelegentlich mit „die Emsige" übersetzt. Weil sie ihr Laub lange hält, ist die Ulme auch ein Sinnbild für Beständigkeit. Das kann ein Hinweis auf das hohe Alter dieser Bäume sein.

In der christlichen Mythologie wird häufig das Motiv der Vermählung von Weinstock und Ulme bemüht. Das geht auf den in Oberitalien geübten Brauch zurück, den Wein mit Ulmenzweigen zu stützen, eine landwirtschaftliche Praxis, die bereits Ovid in seinen „Metamorphosen" beschreibt: *Rankende Reben des Weins und mit Reben bekleidete Ulmen.*

Gottfried Bürger drückt es in seinem Gedicht „Die Umarmung" so aus: *Wie der Epheu sein Gewebe / An der Ulme Busen drückt...* Und bei Georg Philipp Harsdörffer lesen wir: *Die Ulme liebt die sorgenlosen Reben.*

Aeneis entdeckt eine Ulme, auf der die Trugträume wachsen: *Aber inmitten des Raums streckt riesig und düster die alten Arme ein Ulmbaum aus, den, wie man berichtet, die eiteln Träume zum Sitz sich ersehn, wo rings an den Blättern sie hangen.* Die Griechen brachten Ulmen mit Morpheus, dem Gott der Träume in Verbindung. Ulmen findet man häufig an alten Grabhügeln, weil sie von alters her ein Hauch von Tod und Trauer umgab. Unter einer Ulme weinte Orpheus um seine Eurydike.

Im Gedicht „Die Rüste" von Dietrich von der Werder heißt es: *Ergreifft er einen strick, und wirfft jhn der Gabrinen / zu hals', und hengt sie auff, es must jhm darzu dienen / ein alte dicke rüst.* Während es bei August von Platen deutlich romantischer zugeht: *Die winde wehn und flüstern / im laub erhabner rüstern.* Und geheimnisumwoben reimt Friedrich von Matthisson: *Nebelgrau / webt im thau / elfenreigen, dort wo rüstern / am druidenaltar flüstern.*

Ludwig Uhland widmet der „Ulme zu Hirsau" ein ganzes Gedicht, in dem er seiner Sehnsucht nach der Heimat Ausdruck gibt.

Adalbert Kuhn erzählt von den Unterirdischen in Liepe bei Rathenow, *die sind so klein gewesen, daß ihrer neun in einem Backofen haben dreschen können. ... An dem Hause aber stand eine Rüster, unter der haben sie stets ihren Aus- und Eingang gehabt.*

In der Neuen Welt war die Ulme der Galgen für Seeräuber, Hexen und Quäker. Als die Bostoner 1765 mit Erfolg gegen die englische Steuerpolitik revoltierten, wählten sie gerade deshalb eine Ulme zum „Tree of Liberty", zum Freiheitsbaum. Das Beispiel machte auch in anderen Regionen Amerikas bis zur Unabhängigkeitserklärung von 1776 Schule.

Wacholder

Die Pflanze:

Wacholder *(Juniperus)* sind immergrüne Sträucher oder säulenartige Bäume aus der Familie Zypressengewächse (*Cupressaceae)*, von denen in Mitteleuropa in freier Natur nur der Gemeine Wacholder *(Juniperus communis)* und der Sadebaum *(Juniperus sabina)* vorkommen. Die Bestände in Deutschland sind meist durch Weidenutzung entstanden, weil Wacholder vom Vieh nicht verbissen wird (Lüneburger Heide, Schwäbische Alb).

Die beerenförmigen, bläulichen weiblichen Zapfen reifen in zwei bis drei Jahren. Vögel fressen sie, wobei der Samen den Darmtrakt unversehrt verlässt.

Man findet Wacholder häufig auf sonnigen Magerweiden, an Felsen und in lichten Wäldern. Die Lichtpflanze bevorzugt trockene, basenreiche, oft kalkhaltige Böden.

Der Name:

Der deutsche Name Wacholder wird unterschiedlich gedeutet. Als sicher gilt das auslautende Suffix *-der*, Ableitung des alten Wortes für Baum (siehe Holunder). Ob der erste Teil auf ein altes Verb für wachsen bezogen werden kann, ist nicht schlüssig nachgewiesen. Spekulativ ist auch ein Zusammenhang zwischen dem mhd. Wort *wickel* (= Faserbündel) und dem Binden für rituelle Zwecke, wofür Wacholder genutzt wurde. Zerling geht in seinem Buch zur Pflanzensymbolik vom ahd. *wachilter* aus, das „wachsam sein" bedeutete und interpretiert Wacholder als „Wächterbaum".

Nach Jacob Grimm ist Wacholder *ein wort, das in der alten und neuen sprache in einer fülle von formen auftritt – …durch vermischung von wecholder und wachalder erklärt, kommt im ahd. noch gar nicht und auch im mhd. kaum vor dem 15. jahrh. vor, hat sich aber dann rasch verbreitet.*

Franz Söhns nennt das ahd. *wehhal,* mhd. *quec* (lebensfrisch, immergrün; quicklebendig) als Ursprung und belegt seine Vermutung mit dem häufig gebrauchten Synonym „Lebensbaum" für Wacholder.

Die weite Verbreitung des Wacholders hat sich auch in einer Vielzahl z.T. dialektgefärbter Namen niedergeschlagen, von denen einige genannt sein sollen: Feuerbaum, Jochandel, Kaddig, Knirkbeerstrauch, Krammetsbaum, Kranewitt (= Kranichbaum, weil diese Vögel die Wacholderbeeren besonders gern fressen), Kranawitterstrauch, Kronabit, Machandel(baum), Machangelstrauch, Quickholder, Räucherstrauch, Reckholder, Wachandel, Wachtelbeerstrauch, Zachandelstrauch.

Ungesichert ist auch die Herkunft des botanischen Namens *Juniperus*. Er könnte auf das keltische *jeneprus* (= rau, dornig) zurückgehen, meint Franz Söhns – oder auf das lat. *juniora parere* (Jüngeres gebären, denn die Pflanze setzt bereits neue Früchte an, bevor die alten ausgereift sind). Möglich ist auch ein Zusammenhang mit lat. *juvenis* (Jüngling) und *parere* (gebären), gemeint ist: zu früh gebärend, also Abtreibung. Dabei zieht Söhns Parallelen zum Sadebaum, dessen Früchte früher zur Herbeiführung eines Aborts genutzt wurden. Mattioli wusste zu berichten: *Die alten Hexen und Wettermacherin üben damit vil zauberey und abenthewer, verfüren darmit die jungen huren / geben inen Sevenbaumschüßling gepulvert ... / dadurch vil kinder verderbt werden.*

Hieronymus Bock schreibt fast gleichlautend in seinem Kräuterbuch 1551: *Die Meßpfaffen und alte huren geniessen des Savebaums am besten … Zuletzt so verfüren sie die jungen huren, geben jenen Savebaum gepülvert oder darüber zu drincken, dadurch vil kinder verderbt werden.*

Das Artepitheton *communis* bedeutet gewöhnlich im Sinne von einfach. Die Beifügung des Sadebaumes *sabina* geht – reichlich entstellt – auf die Sabiner zurück, die den Sadebaum als Heilpflanze kannten.

Die Nutzung:

Wacholderbeeren enthalten den Bitterstoff Juniperin, Betulin, Kampfer, Zitronensäure, Flavone, Pentosan, Phosphor, Gallussäure, Gerbstoff, Gerbsäure, Harz, Linolensäure, Mangan, Menthol, Oxalsäure, Terpineol, Umbelliferon, Zink, ätherisches Öl. Zu Heilzwecken verwendet werden alle Teile des Wacholders. Wacholdertee fördert die Verdauung und Harnausscheidung. Er wirkt gegen Sodbrennen und unterstützt die Rheuma- und Gicht-Therapie.

Die Wirkung von Wacholder beschreibt Camerarius so: *Ein paar Wacholderbeeren morgens nüchtern zu sich genommen, oder Weckholderbeeren in weißem Wein gesotten und davon getrunken, bekommt dem kalten schleimigen Magen wohl, reinigt die Brust, stillt den Husten, die Blähung des Bauches, das Aufstoßen der Mutter und den Krampf, eröffnet die Leber und den Stein, wehrt dem Gift und der Pestilenz: in summa, die Wacholderbeeren sind zu vielen Dingen nutz, deshalb hat der Koch solche Beeren in die Küche berufen.*

Die Beeren sind ein wichtiger Rohstoff für Wacholderschnaps bzw. Gin, Krambambuli, Steinhäger und Genever. Und sie werden in der Küche bei der Herstellung von geräuchertem Fleisch oder Fisch eingesetzt. Zerstoßen kommen sie in die Pökelflüssigkeit.

Wacholderrauch gilt als reinigend und desinfizierend. Er wurde schon im Mittelalter verwendet. Das Holz des Wacholders wird in Form von Spänen zu den üblichen Räuchermehlen gegeben, um eine Aromatisierung über den Rauch zu erreichen.

Die Legende:

Konrad von Megenberg schreibt in seinem im 15. Jahrhundert erschienenen „Buch der Natur": *Juniperus, der krametbaum heißt teutsch ein wechalter und man spricht, das der kramet helff für der gelider müden und darumb so etlich müd werden, so schlaffen sy unter des baumes schatten.*

An die Kraft des Wacholders gegen allerlei Zauber und Teufel glaubten die Altvorderen. *Aus den Stecken schneidet man Geißeln für die Roßknechte, wo dann kein Roß durch eine Stellung gesperrt werden kann,* heißt es bei Leoprechting. Wenn man mit Rührstöcken von Wacholder butterte, dann könne keine böse Nachbarin das Werk behindern.

Weinwirtschaften im Rheinland, die nur eigenen, keinen zugekauften Wein anboten, führten einen Wacholderstrauch als Zeichen der Reinheit und guten Beschaffenheit ihres Getränkes. Ein Brauch, der auch von den fränkischen Heckenwirten geübt wurde.

Wer einen Kranewittzweig am Hut trägt, wird nicht müde beim Laufen. Trug ein Älpler einen Wacholderzweig am Hut, deutete er an, dass er sich auf Freiersfüßen befand.

Im Vogtland kannte man den Brauch des Frischegrünpeitschens am ersten Osterfeiertag, vollzogen an den noch im Bett liegenden Frauen und Mädchen, tags darauf auch an den Männern und Burschen.

Bei soviel Brauchtum nimmt es nicht Wunder, dass sich die Kirche bemüßigt sah, so genannte heidnische Handlungen in christliche Mythologie umzudeuten. Der Prophet Hosea vergleicht sich selbst mit einem Wacholder, der das Volk mit seinen Früchten nährt: *Ich bin wie ein grüner Wacholder, an mir wird Frucht für dich gefunden* (14,6).

In dem niederdeutsch erzählten Grimmschen Märchen vom Machandelbaum wird ein kleiner Junge, den die böse Stiefmutter getötet hat, wieder zum Leben erweckt. Das korrespondiert mit der alten Vorstellung von der *fraw Weckolter.* Goethe verwendet das Lied aus dem Märchen in abgewandelter Form am Ende von „Faust I" in der Kerkerszene.

Im Liederbuch der Clara Hätzlerin lesen wir: *Der soll Wacholder tragen, der sich ein Lieb erwählt hat, bei dem es ihm schlecht ergeht, und er überlegt, ob ihm mit der Zeit etwas Trost davon geschehen mag.*

Walnuss

Die Pflanze:

Die Echte Walnuss *(Juglans regia)* ist ein sommergrüner Laubbaum aus der Familie der Walnussgewächse *(Juglandaceae).* Die Rinde ist zunächst glatt und aschgrau, im Alter bildet sich eine tiefrissige, dunkel- bis schwarzgraue Borke. Der Walnussbaum ergrünt als letzter Laubbaum, noch nach der Eiche, und im Herbst wirft er früh ab. Die Blüte erfolgt zwischen April und Juni, die Bestäubung besorgt der Wind. Die Früchte der Walnussgewächse galten bisher als Steinfrüchte. Nach neueren Untersuchungen werden sie zu den Nussfrüchten gezählt.

Kirgisistan ist eines der waldärmsten Länder Asiens, hat aber – neben Kalifornien – die größten Nussbaumbestände der Welt. In einer Höhenzone von 1000 bis 2000 Metern erreichen die Bäume an den Nordhängen 30 Meter und ein Alter bis zu 150 Jahre.

Walnussbäume beginnen mit zehn bis 20 Jahren Früchte zu tragen. Erst ab dem vierten Jahrzehnt werden gute Erträge erzielt, die im hohen Alter dann wieder zurückgehen. Bei einer guten Ernte sind bei großkronigen Bäumen maximale Erträge bis zu 150 kg Nüssen pro Baum möglich.

Der Name:

Die Bezeichnung Walnuss, die seit dem 17. Jahrhundert bekannt ist, geht auf das germ. *welsch, walsch* zurück, das ursprünglich die Bewohner der westeuropäischen Gebiete meinte. Da der Baum aus Italien in unsere Breiten kam, hieß er deshalb bis ins 18. Jahrhundert „welsche Nuss“, woraus Walnuss wurde. Eine sprachliche Verwandtschaft zu Walross oder Walstatt besteht nicht. Umgangssprachlich wird der Walnussbaum meist verkürzt als Walnuss bezeichnet, in der Schweiz auch als Baumnuss. „Persische Walnuss“ ist der englischen Bezeichnung „Persian Walnut“ angelehnt. Das englische Wort *nut* bezeichnet vulgärsprachlich die männlichen Hoden *(nuts).* Im Russischen wird sie als „Griechische Nuss“ bezeichnet.

Die Bezeichnung der Frucht geht auf das lateinische Wort *nux* zurück. Damit war ursprünglich nur die Frucht der Haselnuss gemeint.

Der Gattungsname *Juglans* ist zusammengesetzt aus dem lateinischen Namen des römischen Hauptgottes *Jovis* (= Jupiter) und *glans* (= Eichel), also „Jupiters Eichel“ mit einer unmissverständlichen Anspielung auf die Fruchtbarkeit des Gottes.

Das Artepitheton *regia* (= königlich) bezeichnet die königliche Statur des Walnussbaumes, der allgemein als einer der schönsten Bäume gilt.

Die Nutzung:

Walnüsse enthalten reichlich Fettsäuren, wertvolle Proteine, Kohlenhydrate, wichtige Mineralstoffe und Ballaststoffe, außerdem die Vitamine A, B, C und E in höherer Konzentration als viele Obst- und Gemüsesorten. Sie galten schon immer als wertvolles Nahrungsmittel für Gicht- und Nierenkranke und sind vor allem für Zähne und Knochenaufbau bei Kindern und Jugendlichen ein wertvoller Kalziumlieferant. Der reiche Gehalt an ungesättigten Fettsäuren hilft gegen zu hohe Cholesterinwerte und die Bildung der so genannten Plaque in den Arterien. Was die Römer und auch die Franzosen schon vor Jahrhunderten wussten, findet in der modernen Medizin wieder Eingang, denn das in großen Mengen enthaltene Eiweiß erweitert die Gefäße und reguliert die Blutzufuhr in den Penis.

Die gerbstoffhaltigen Walnussblätter werden bei Reizungen der Darmschleimhaut und der Magenschleimhaut eingesetzt und eignen sich zur Behandlung von Hautkrankheiten, wie Ekzemen und Akne.

Der griechische Arzt Galenus nutzte die Blätter der Walnuss, während früher nur die Früchte verwendet wurden.

In der Naturheilkunde gilt die Walnuss als blutreinigende Pflanze. Die getrockneten und zerstampften Blätter regen die Ausscheidung eingelagerter Giftstoffe im Körper an.

Im Mittelalter ging man von der damals gültigen Signaturenlehre aus und meinte, dass eine Pflanze bzw. deren Teile durch Form und Farbe anzeigt, gegen welche Krankheiten sie genutzt werden kann und schloss aus der äußerlichen Ähnlichkeit, dass die Walnuss Krankheiten des Gehirns heilte. Bekannt ist die Walnuss auch heute noch als ausgezeichnete „Nervennahrung“.

Die Omega-3-Fettsäuren der Walnuss wirken Stress entgegen. Täglich etwa 40 Gramm schützen vor Herzerkrankungen und verringern die Gefahr, an Diabetes Typ 2 zu erkranken. Regelmäßiger Genuss senkt nach jüngsten Forschungsergebnissen die Blutfett-Konzentration und soll die Magnesium-, Folsäure, Vitamin-E, und Kupferwerte steigern.

Tabernaemontanus schreibt: *Um St. Johannes Tag stosse man die grüne Nuß und brenne ein Wasser daraus / welches man zum Gebrauch halte. Diß Wasser soll gut seyn zur Zeit der Pestilenz / wann man einen Trunck darvon thut / soll es dem Gifft und der Pestilentzischen Luft Widerstand thun.*

Das dekorative, oft violett gefärbte Holz wurde Ende des 19. Jahrhunderts und im Jugendstil häufig zur Herstellung besonders wertvoller Möbel, aber z.B. auch für Gewehrschäfte benutzt.

Die Legende:

Die weise griechische Titanin Karya war die Geliebte des Dionysos, der sie nach ihrem Tode in einen Walnussbaum verwandelte. Die Verwandlung in einen Baum galt bei den Griechen als eine besondere Auszeichnung. Artemis Karyatis, *die vom Walnussbaum,* erbte das Wissen und die Heilkunst der Titanin.

Die Germanen widmeten den Walnussbaum ihrem Gott des Frühlings und des Wachstums, Freyr (Fro). Wurde ein Kind geboren, pflanzte man ihm zu Ehren im frühen Mittelalter einen Nussbaum.

Goethe erzählt in seinem Briefroman „Die Leiden des jungen Werthers" von einer Pfarrersfrau, die die Nussbäume fällen ließ, was Werther außerordentlich erzürnte. *Ich möchte toll werden, ich könnte den Hund ermorden, der den ersten Hieb dran tat. Ich, der ich mich vertrauern könnte, wenn so ein paar Bäume in meinem Hofe stünden und einer davon stürbe vor Alter ab, ich muß zusehen*, schreibt er unter dem 15. September.

Nach alten Vorstellungen glaubte man, der Walnussbaum sei ein Abwehrmittel gegen Hexen. Man müsse nur eine Nuss unter ihren Stuhl legen, dann könne sie sich nicht mehr bewegen. Außerdem hieß es, dass kein Blitz in einen Nussbaum einschlage, aber wer unter ihm schlief, der wache nie mehr auf.

Ganz besonders oft aber wird die Walnuss mit Fruchtbarkeitsbräuchen und Liebeszauber in Verbindung gebracht. Das dürfte auf ihre bereits beschriebene potenzsteigernde Wirkung zurückzuführen sein. Deshalb ließ man der Braut am Vorabend der Hochzeit einen Korb Nüsse in die Schlafkammer poltern – daher kommt die Bezeichnung Polterabend. Für diesen Brauch gibt es im alten Rom bereits eine Vorgeschichte. Der Bräutigam warf Nüsse in die Menge, um zu demonstrieren, dass sein Leben sich nun neu ordnet. Der Dichter Catull schreibt in „Carmen Nuptialis" anzüglich: *Gib den Sklaven Nüsse, Knabe, deine Zeit ist vorbei. Lange genug hast du mit Nüssen gespielt.*

Auch im Christentum spielt die Nuss eine symbolische Rolle. Augustinus sagte über die Dreieinigkeit der Nuss, die Hülle bedeute das Fleisch, die Schale die Knochen und der Kern die Seele Christi.

In zahlreichen sprichwörtlichen Redewendungen kommt die Nuss vor. Man hat eine Nuss zu knacken. Jemand ist eine taube Nuss. Wer Nüsse durch einen Sack beißt, liebt platonisch. Taube Nuss und hohler Zahn, junges Weib und alter Mann. Etwas rabiat ist der Spruch: Keine schönere Walnuss, als wenn ein Mönch im Nussbaum hängt.

Weide

Die Pflanze:

Die Weiden *(Salix)* mit ihren etwa 450 Arten sind eine Gattung aus der Familie der Weidengewächse *(Salicaceae).* Die überwiegend feuchte Böden bevorzugenden Bäume gedeihen in allen Teilen der nördlichen gemäßigten Zone bis zur Arktis, wenige Arten auch in den Tropen und der südlichen gemäßigten Zone. Unter den Weidenarten gibt es bis zu 30 Meter hohe Bäume, aber auch Zwergsträucher, die nur dreißig Zentimeter hoch werden.

Die baumartigen Weiden sind schnellwüchsig, aber oft kurzlebig. Sie festigen mit ihren stark verzweigten Wurzeln das Erdreich. *Weiden ist ain trost dem lannd vor dem wasser, das es dest mynder den grund mit im nem,* heißt es im Liederbuch der Clara Hätzlerin.

Salweiden *(Salix caprea)* sind sehr ausschlagsfreudig. Sie werden gern als Kopfweiden und bei der Anlage von Energiewäldern genutzt.

Die Blüten sind bei einigen Arten besonders auffällig und erscheinen schon vor oder gleichzeitig mit den neuen Blättern. Die dicken, eiförmigen „Kätzchen“ enthalten die männlichen Staubbeutel, die walzenförmigen, grünlich gefärbten tragen die weiblichen Narben.

Der Name:

Das althochdeutsche *wîda* bedeutet „die Biegsame“, denn sie liefert vorzügliches Material für die Korbflechter. Das alte Wort ist eng verwandt mit dem griechischen *itéa* für Weidenbaum. Ein sprachlicher Zusammenhang zu Weide als Grasland oder zur jagdlichen Waid/Weid besteht nicht. Seit Beginn des 16. Jahrhunderts werden manche weidenähnliche Pflanzen gleichfalls Weide genannt, so der Spindelstrauch *(Euonymus europaeus).*

Das Grimmsche Wörterbuch zitiert Megenberg: *Weide schlechthin meint den baum: salix haizt ain waid und ist als vil gesprochen als ain springerinn, dar umb, daz der paum snell auf springt und wechst.*

Andere volkstümliche Namen sind Felbern, Katzenstrauch, Kätzchen, Korbweide, Maiholz, Salweide, Weihbuschen.

Im keltischen Baumalphabet steht die Weide für den Buchstaben S und den fünften Monat (15. April bis 12. Mai). Sie trägt den Namen *saille.* Das korrespondiert mit dem in der Wissenschaft gebräuchlichen Namen *Salix* und der Annahme, das Wort könne auch zusammengesetzt sein aus dem keltischen *sal* (= nahe) und *lis* (= Wasser) und im Nachhinein ins Lateinische übertragen worden sein. Das lat. Artepitheton *caprea* verweist darauf, dass die Blätter gern von Ziegen gefressen werden.

Die Nutzung:

Getrocknete Weidenrinde kann als Tee aufgebrüht werden. Sie enthält Gerbstoffe, Phenolglykoside, Salicin und acylierte Salicinderivate. Salicylsäure wirkt fiebersenkend, schmerzlindernd und antirheumatisch. Weidenlaub wurde im Mittelalter als harntreibendes Mittel eingesetzt.

Dioskurides empfahl die Weide bei Blutspeien, Ohrenleiden, Kleingrind, Podagra, Hautverhärtungen und Schwielen. Für letztere Beschwerden empfahl er zudem eine äußerliche Auflage aus gebrannter Weidenrinde und Essig. Den Weidensaft beschrieb er als ausgezeichnetes Mittel, das zu vertreiben, was die Pupille verdunkelt.

Madaus interpretiert diese Aussage dahingehend, dass Weidensaft eine Arznei gegen Augenleiden sei.

Lonicerus empfahl Weidenrinde als zusammenziehendes und blutstillendes Mittel gegen Podagra. Matthiolus riet, sie äußerlich gegen Warzen, Hühneraugen, Schwielen, Hautverhärtungen, Ohrenschmerzen und als Kosmetikum zu verwenden.

Bereits aus der Mittelsteinzeit vor etwa 12000 Jahren sind Seile und Fischernetze aus Weidenbast belegt. Aus Weidenzweigen werden Körbe geflochten und Daubenware gebunden. Sie wurden in Flechtwänden, geflochtenen Ausfachungen von Fachwerk und als Bindemittel, den so genannten Wieden, beim Weichdach aus Ried oder Stroh verwendet. Die Bäume wurden häufig als Kopfweiden geschnitten, um jährlich einen hohen Ertrag von jungen, biegsamen Zweigen ernten zu können.

Das Holz der Silberweide *(Salix alba)*, auch das der Trauer-, Cricket- und Dotterweide findet Verwendung als Rund-, Industrie- und Schnittholz.

Die Legende:

Die Weide hat im Volksglauben keinen besonders guten Ruf. Ihr Erscheinungsbild im frühen Nebel an sumpfigen Wasserläufen hat etwas Gespenstisches. Oft waren Weiden in der Nähe, wenn Kinder im Fluss ertranken, wenngleich es keinen inneren Zusammenhang gibt. In zahlreichen europäischen Kulturen gilt die Weide als Baum des Bösen. Die englischen Wörter *witch* (= Hexe) und *wicked* (= böse) stehen in sprachlicher Nachbarschaft zu *willow* (= Weide).

Anders ist die Vorstellung der Chinesen von der Weide. Dort gelten die Bäume als Frühlingsboten zum Ch'ing-ming-Fest und man trägt einen Weidenkranz auf dem Kopf, durchaus mit erotischen Hintergedanken.

Im „Gelehrtengastmahl“ des Athenaios um 200 n. Chr. werden sakrale Prostitutionen von jungen Mädchen beschrieben, die in einem lydischen Paradiesgarten unter Weiden männlichen Umarmungen erlagen. Priesterinnen der Göttin Helike „zelebrierten mit und an Weiden anrüchige Fruchtbarkeitszauber“, schreibt Zerling, um fortzufahren, dass die Göttin auch Helikon den Namen gab, Sitz der neun Musen, „orgiastische Dienerinnen des Mondes“.

Die Weidenkätzchen gaben das Vorbild für zahlreiche frivole Anspielungen ab. „Blumen suchen und Weiden kaufen“ hieß, in ein Bordell zu gehen.

Die Kirche nahm die Weide wegen ihres unerschöpflichen Wachstums als Vergleich zur nie versagenden Quelle göttlicher Weisheit und Liebe.

Negativ belastet ist der Weidensamen. Plinius behauptete in Unkenntnis der Zweihäusigkeit, der Baum verliere wegen des raschen Wachstums den Samen noch vor der Blüte, weshalb aus ihr Enthaltsamkeit erzeugende Mittel gewonnen wurden. Albrecht Dürer malte den heiligen Hieronymus neben einer vertrockneten Weide: Die Triebe des alten Einsiedlers waren erloschen.

Judas soll sich an einer Weide (nach anderer Lesart an einem Holunderbaum, siehe dort) erhängt haben. Grund genug, Verbrecher, wenn denn kein Galgen in der Nähe war, an einer Weide aufzuknüpfen. Daher kommt die Redewendung „an der Weide büßen.“ Druiden legten ihre Menschenopfer in Weidenkörbe, beschwerten sie mit Steinen und versenkten sie im Wasser oder Moor.

Kurt Bartsch hat eine vom Volksmund behauptete sichere Methode aufgeschrieben, wie man den Kropf beseitigen kann: *Man gehe an einem Freitage vor Sonnenaufgang zu einer Weide, die an einem fließenden Bache steht, mache in die junge Rinde einen Längsschnitt und darüber einen Querschnitt, klappe die Rinde zurück, löse etwas Holz ab und reibe mit diesem den Kropf so lange kreuzweise, bis derselbe durch das Reiben warm geworden ist. Nun setze man das Stück Holz schnell wieder an seine Stelle und binde die Rinde wieder darüber – Alles stillschweigend. Sobald die Rinde wieder angewachsen ist, soll der Kropf verschwinden.*

Goethe, dessen bescheidenes Weimarer Gartenhaus im Tal an der Ilm steht und der wesentlichen Einfluss auf die Gestaltung des Parks genommen hatte, dichtete:

wenn der Ilme bach bescheiden
schlängelnd still im thale fliészt,
überdeckt von zweig und weiden
halbversteckt sich weiter gieszt …

Weißdorn

Die Pflanze:

Die Weißdorne *(Crataegus)* sind mit 200 bis 300 Arten in den gemäßigten Klimazonen der Nordhalbkugel Sträucher oder kleine Bäume der Kernobstgewächse *(Pyrinae)* in der Familie der Rosengewächse *(Rosaceae)*. Am stärksten verbreitet sind sie in Nordamerika. In Europa kennt man 22 schwer voneinander zu unterscheidende Arten, in Deutschland drei, darunter den Zweigriffeligen Weißdorn *(Crataegus laevigata)*. Rotblühende Exemplare werden landläufig auch Rotdorn genannt.

Der Echte Rotdorn *(Crataegus laevigata 'Paul's Scarlet')* ist die Kulturform des Zweigriffeligen Weißdorns. Aber auch die rotblühende Form *(Crataegus monogyna 'Punicea')* des Eingriffeligen Weißdorns *(Crataegus monogyna)* sowie verschiedene Bastarde und Sorten werden im Fachhandel so bezeichnet.

Die sommergrünen, meist dornigen Sträucher oder kleinen rundkronigen Bäume wachsen meistens in Wäldern, kultiviert auch in Parks und Gärten. Sie haben eine glatte, grün-braune bis dunkelbraune Rinde, die im Alter rissig wird. Das Holz ist hart und schwer. Die in Doldenrispen stehenden auffällig weißen, seltener rosa oder roten Blüten sind 0,7 bis 2,5 Zentimeter breit. Die Beeren genannten kleinen Apfelfrüchte sind rot oder orange, bei einigen Arten blau, schwarz oder gelb. Sie enthalten bis zu fünf Steinkerne. Das Fruchtfleisch ist meist trocken und mehlig.

Der Name:

Für den Namen Weißdorn gibt es in der Literatur zwei Erklärungen: Entweder bezieht er sich auf die weißen Blüten des üppig blühenden Strauches und die vorhandenen Sproßdorne – oder auf die helle Rinde zur Unterscheidung von der Schlehe. Andere Namen sind z.B. Christdorn, Haakäsen, Hagapfel, Hagäpfli, Hagedorn, Hägele, Hagewiepkes, Hanweide, Haynerholz, Heckendorn, Heinzelmännerchen, Mehlbeerbaum, Mehlbeere (nicht zu verwechseln mit den eigentlichen Mehlbeeren), Mehldorn, Mehlfässl, Mehlkübeli, Mehlwieken, Weißheckdorn, Wibelken, Wubbelken, Wyßdorn, Zaundorn.

Der botanische Name *Crataegus* wird auf die alte Bezeichnung für die mittelmeerländische Weißdorn-Art Azaroldorn *(Crataegus azarolus)* zurückgeführt, von den Griechen *krataiós* (= fest) genannt. Das griechische Adverb bezieht sich auf das harte Holz. Das lat. Artepitheton *levigata* bedeutet glatt.

Die Nutzung:

Es waren, wie häufig, die Chinesen, die den Weißdorn für ihre Heilkunde entdeckten und erfolgreich einsetzten. In Mitteleuropa beschrieb Dioskurides im 1. Jahrhundert nach Christus in seiner Schrift „Materia medica" die Wirkung des Weißdorns.

Der Leibarzt des französischen Königs Heinrich IV. verordnete Weißdorn als Fruchtsirup bei Herzbeschwerden. Das „New Kreütterbuch" des Hieronymus Bock und das „Contrafayt Kreuterbuch" von Otto Brunfels rieten zu Hagedorn bei nervös bedingten und psychischen Störungen. Dennoch spielte die Droge lange Zeit eine untergeordnete Rolle.

In der zweiten Hälfte des 18. Jahrhunderts verordnete der irische Arzt Thomas Green Weißdorn bei verschiedenen Herzleiden erfolgreich. Seine Behandlungsmethode wurde aber erst nach seinem Tod bekannt. Anfang des 19. Jahrhunderts setzte sich das Mittel durch.

Der eigentliche Erfolg als modernes Arzneimittel begann aber erst in den 1960er Jahren, als Wissenschaftler die für das Herz wichtigen Substanzen identifizierten. Weißdorn wurde im Jahre 1990 Heilpflanze des Jahres.

Weißdorn enthält vor allem ätherisches Öl, Trimethylamin, Glykosid Oxyacanthin, Gerbstoff, Saponin, Fructose, Crataegussäure, Aluminium, Kalium, Natrium, Kalzium und phosphorsaure Salze.

Die Blüten oder Blätter trinkt man als Tee gegen leichte Herzbeschwerden bei zu hohem oder zu niedrigem Blutdruck.

Die mehligen Früchte des Weißdorns schmecken süß-säuerlich und können zu Kompott oder Gelee verarbeitet werden. Gemischt mit anderen Früchten wird auch Mus, Saft oder Sirup zubereitet. Früher wurde das getrocknete Fruchtfleisch als Mehlzusatz beim Brotbacken verwendet. Aus den Kernen braute man einen Kaffee-Ersatz.

Das harte Holz wird auch heute noch für manche Werkzeugstiele (z. B. in der Schmiede) gebraucht.

Die schöne Form des Baumes, seine Blätter und vor allem sein üppiger Blütenbesatz und sein Fruchtschmuck prädestinieren den Weißdorn, der in vielen Kultursorten gezüchtet wird, als beliebten Park- und Gartenbaum. Als Hecke, vor allem im ländlichen Bereich zur Abgrenzung von Feldern, Weiden und Grundstücken, verträgt er auch manch radikalen Schnitt. Zahlreichen Kleintieren, darunter etwa 150 Insekten und 30 Singvogelarten, bietet er reichlich Nahrung und Schutz.

Von der einstigen Verwendung als Veredlungsunterlage für Birnen ist man inzwischen abgekommen wegen der Anfälligkeit von Feuerbrand.

Die Legende:

Von Cardea, der römischen Göttin der Gesundheit, der Schwellen, der Türscharniere und der Türgriffe, sagt Ovid in den „Metamorphosen“: *Ihre Macht ist es, zu öffnen, was geschlossen ist; zu schließen, was geöffnet ist.* Sie war die Angel, um die sich das Jahr zur Mittsommernacht drehte. Ihr zugeordnet war der Weißdorn. Um Cardea bei Hochzeiten zu besänftigen – denn sie hasste mit gutem Grund die ihr vom Göttervater aufgezwungene Ehe –, versuchte man sie mit fünf Weißdornfackeln und Weißdornblüten zu beschwichtigen.

Noch heute verehren die Briten die tiefe Wurzeln treibenden Bäume als Sitz der Weißen Göttin, als Herrin des Frühlings und zahlreicher Quellen.

Alte religiöse Vorstellungen lassen den Weißdorn als aus einem Blitz geboren erscheinen, dessen heiliges Feuer in den brennend roten Früchten wiederkehrt. Wegen seiner wehrhaften Dornen schrieb man ihm die Fähigkeit zu, Unheil abzuhalten, weshalb man mit Weißdornzweigen die Wiederkehr der „Untoten“ und das Erscheinen der Vampire verhindern wollte.

Noch bis heute hält sich in einigen Gegenden Europas, vor allem auf den britischen Inseln, der Aberglaube, dass der Monat Mai nicht zum Heiraten tauge. Hintergrund ist die keltische Zuordnung des Weißdorns *(uath)* für die Zeit vom 13. Mai bis zum 9. Juni; denn es hieß, der Weißdorn sei ein Baum des Unglücks. Weißdorn trägt im Altenglischen auch den Namen *May* wie der fünfte Monat. Wer im Mai heiratet, hat von *May* nichts Gutes zu erwarten. Am 15. Mai (alter Kalender) versammelten sich die Menschen in Irland um die Brunnen, zerrissen sich die Kleider und warfen die Fetzen an die häufig dort wachsenden Weißdornbäume.

Ganz anders dagegen war ein Brauch im alten Griechenland zu Ehren des Ehegottes Hymen, Sohn von Dionysos und Aphrodite, der sich mit Attributen des Weißdorns schmückte. „Im Beisein seines Holzes“, schreibt Zerling, „erneuerten Brautpaare sicherheitshalber vor dem Hausaltar noch einmal das Gelübde von Treue und Liebe.“

Vor allem der betörende, verlockende Duft der Weißdornblüten war es, der an verlockende weibliche Sexualität denken ließ. Das war für die Kirche hinreichender Grund, die weiße Farbe der Blüten als Symbol von Reinheit und Keuschheit zu favorisieren, um den alten heidnischen Glauben zu unterdrücken.

Der Heilpraktiker Albrodt meint, dass die Blütenessenz des Weißdorns das gesamte Spektrum sinnlicher Wahrnehmung vertiefe.

Verzeichnis aller beschriebenen Pflanzen (deutsch)	**Verzeichnis aller beschriebenen Pflanzen (lateinisch)**
Ahorn, Berg-	Acer pseudoplatanus
Apfel	Malus x domestica
Bärentraube	Arctostaphylos uva-ursi
Berberitze	Berberis vulgaris
Birke, Hängende od. Weiß-	Betula pendula
Birne	Pyrus communis
Brombeere	Rubus fruticosus
Buche	Fagus sylvatica
Eberesche	Sorbus aucuparia
Eibe	Taxus baccata
Eiche	Quercus robur
Erle	Alnus glutinosa
Esche	Fraxinus excelsior
Espe	Populus tremula
Farn, Adler-	Osmunda regalis
Faulbaum	Frangula alnus
Fichte	Picea abies
Ginster, Besen-	Cytisus scoparius
Hainbuche	Carpinus betulus
Hasel	Corylus avellana
Heckenrose	Rosa corymbifera
Heidekraut	Erica tetralis
Himbeere	Rubus idaeus
Holunder, Schwarzer	Sambus nigra
Hopfen	Humulus lupulus
Kastanie	Aesculus hippocastanum
Kiefer	Pinus sylvestris
Kirsche, Vogel- oder Süß-	Prunus avium
Kornelkirsche	Cornus mas
Lärche, Europäische	Larix decidua
Linde, Sommer-	Tilia platyphyllos
Mandelbaum	Prunus dulcis
Mistel	Viscum album
Pappel, Schwarz-	Populus nigra
Pfirsich	Prunus persica
Pflaume, Kultur-	Prunus domestica
Quitte	Cydonia oblonga
Rohrkolben	Typha latifolia
Schachtelhalm	Equisetum arvense
Schlehdorn	Prunus spinosa
Seidelbast, Echter	Daphne mezereum
Stechpalme, Europäische	Ilex aquifolium
Tanne, Weiß-	Abies alba
Tollkirsche, Schwarze	Atropa belladonna
Ulme, Feld-	Ulmus campestris
Wacholder, Gemeiner	Juniperus communis
Walnuss, Echte	Juglans regia
Weide, Sal-	Salix caprea
Weißdorn, Zweigriffeliger	Crataegus laevigata

Verzeichnis der erwähnten und zitierten Persönlichkeiten

Benutzte Abkürzungen

aengl. – altenglisch
ahd. – althochdeutsch
arab. – arabisch
dän. – dänisch
dt. – deutsch
engl.– englisch
frz. – französisch
griech. – griechisch
indog. – indogermanisch
isl. – isländisch
ital. – italienisch
kroat. – kroatisch
lat. – lateinisch
mhd. – mittelhochdeutsch
Mos. – Moses (AT)
niederl. – niederländisch
norw. – norwegisch
österr. – österreichisch
poln. – polnisch
röm.- römisch
russ. – russisch
schwed. – schwedisch
schweiz. – schweizerisch
slowak. – slowakisch
slowen. – slowenisch
span. – spanisch
tschech. – tschechisch

Literaturverzeichnis

Aizenberg, Joanna; James C. Weaver, Monica S. Thanawala, Vikram C. Sundar, Daniel E. Morse, Peter Fratzl: Skeleton of Euplectella sp.: Structural Hierarchy from the Nanoscale to the Macroscale. Science Vol. 309. no. 5732 (8 July 2005) pp. 275 - 278.

Hanns Bächtold-Stäubli; Hoffmann-Krayer, Eduard: Handbuch des deutschen Aberglaubens (10 Bde.). Verlag de Gruyter, Berlin 1927-1942.

Beuchert, Marianne: Symbolik der Pflanzen. Inselverlag Frankfurt a.M. und Leipzig 1995.

Bingen, Hildegard von: Wisse die Wege. Eine Schau von Gott und Mensch in Schöpfung und Zeit. Übersetzt und herausgegeben von Walburga Storch OSB. Pattloch, Augsburg 1990.

Brunfels, Otto: Das Buch der Kräuter. (Erstdruck 1532, Straßburg) Neu aufgelegt und bearbeitet in: Verlag Urbania-Gesellschaft, Dresden o.J.

Carl, Helmut: Die deutschen Pflanzen-und Tiernamen. Deutung und sprachliche Ordnung. Quelle und Meyer; Heidelberg, Wiesbaden 1986.

Dierbach, Johann Heinrich: Flora Mythologica oder Pflanzenkunde in Bezug auf Mythologie und Symbolik der Griechen und Römer. Verlag Sauerländer, Frankfurt a.M. 1833.

Friedreich, Johann Baptist: Die Symbolik und Mythologie der Natur. Verlag der Stahgl'schen Buch- und Kunsthandlung, Würzburg 1859.

Geier, Alexandra: Renate Geier: Götterzauber. Einzigartige Erzählungen, wie Blumen und Bäume in der griechischen Mythologie entstanden sind. Joachim Editions, Straßburg 2008.

Genaust, H.: Ethymologisches Wörterbuch der botanischen Pflanzennamen. Birkhäuser Verlag, Basel & Stuttgart 1976.

Haeupler, H.; Th. Muer: Bildatlas der Farn- und Blütenpflanzen Deutschlands. Ulmer Verlag, Stuttgart 2000.

Hecker, August von; Heinrich August Erhard: Lexicon medicum-practicum reale. Gerold'sche Buchhandlung, Wien 1818.

Irmscher, Johannes; Renate Johne (Hg.): Lexikon der Antike. VEB Bibliographisches Institut, Leipzig 1978.

Jefferson-Brown, Michael: Lilien.Christian-Verlag, München 2004.

Keil, Gundolf: Die Bekämpfung des Ohrwurms nach Anweisungen spätmittelalterlicher und frühneuzeitlicher deutscher Arzneibücher, Zeitschrift für deutsche Philologie 79 (1960), S. 176–200.

Körber-Grohne, Udelgard: Nutzpflanzen in Deutschland. Niko-Verlag, Hamburg, 2001.

Kronfeld, Moritz: Zauberpflanzen und Amulette in der Volksmedizin. Bohmeier Verlag, Leipzig 2010.

Lemery, Nicolai: Vollständiges Materialien-Lexicon, darinnen alle und jede Simplicia vorgestellet sind, welche aus denen so genannten drey Reichen, der Thiere, der Kräuter und der Mineralien, hauptsächlich zu Dienste der Medicin und Apothecker-Kunst genommen und gebrauch. Johann Friedrich Braunn, Leipzig 1721. Lonicero, Adamo (= Adam Lonitzer): Kreuterbuch. Matthäus Wagner, Ulm 1679 (Reprint 1962).

Ody, Penelope: Naturmedizin Heilkräuter. Der Ratgeber für die richtige Anwendung von Heilkräutern zu Hause. BLV Verlagsgesellschaft mbH. München, 1993.

Rose, Herbert J.: A Handbook of Greek Mythology. Phaidon Press Ltd., London 1928.

Schiller, Karl; August Lübben: Mittelniederdeutsches Wörterbuch. Kühtmann [u.a.]. Bremen, 1875-1881.

Seybold, Siegmund: Die wissenschaftlichen Namen der Pflanzen und was sie bedeuten. Eugen Ulmer KG, Stuttgart 2002.

Schaarschmidt, Horst: Die Walnussgewächse. Westarp Wissenschaften, 1999.

Schütt, Peter; Hans Joachim Schuk, Bernd Stimm: Lexikon der Baum- und Straucharten. ecomed Verlagsgesellschaft,Landsberg/Lech 1992.

Söhns, Franz: Unsere Pflanzen. Ihre Namenserklärung und ihre Stellung in der Mythologie und im Volksglauben. Teubnar-Verlag Leipzig und Berlin, 1920.

Thomé, Otto Wilhelm: Flora von Deutschland, Österreich und der Schweiz. Gera, 1885.

Treben, Maria: Gesundheit aus der Apotheke. Ratschläge und Erfahrungen mit Heilkräutern. Verlag Wilhelm Ennsthaler, Steyr (62. Aufl.) 1993.

Weber, Hans Christian: Parasitismus von Blütenpflanzen. Wissenschaftliche Buchgesellschaft. Darmstadt 1993.

Zedler, Johann Heinrich: Grosses vollständiges Universal-Lexicon aller Wissenschaften und Künste. Zedler. Halle und Leipzig 1732.